SIMPLES

NOVAS TECNOLOGIAS

GLOBOLIVROS

DK LONDRES
Editora Sênior Alison Sturgeon
Designer Sênior Mark Cavanagh
Editores Claire Cross, Rob Dimery, Dorothy Stannard
Designers Vanessa Hamilton, Mark Lloyd, Lee Riches
Editor-Chefe Gareth Jones
Editor de Arte Chefe Lee Griffiths
Editor de Produção Robert Dunn
Controle de Produção Sênior Rachel Ng
Desenvolvedora-Chefe de Design de Capa Sophia M.T.T.
Designer de Capa Akiko Kato
Diretora Editorial Associada Liz Wheeler
Diretora de Arte Karen Self
Diretor Editorial Jonathan Metcalf

GLOBO LIVROS
Editor responsável Guilherme Samora
Editor-Assistente Renan Castro
Tradução Regiane Winarski
Preparação Fernanda Marão
Diagramação Natalia Aranda
Revisão Vivian Sbravatti
Revisão Técnica Bruno Garattoni

Publicado originalmente no Reino Unido em 2024 por Dorling Kindersley Limited
DK, 20 Vauxhall Bridge Road, London, SW1V 2SA.

Copyright © 2024, Dorling Kindersley Limited, parte da Penguin Random House
Copyright © 2024, Editora Globo S/A

Todos os direitos reservados. Nenhuma parte desta edição pode ser utilizada ou reproduzida – em qualquer meio ou forma, seja mecânico ou eletrônico, fotocópia, gravação etc. – nem apropriada ou estocada em sistema de banco de dados sem a expressa autorização da editora.

1ª edição, 2025.

CIP-BRASIL. CATALOGAÇÃO NA PUBLICAÇÃO
SINDICATO NACIONAL DOS EDITORES DE LIVROS, RJ

S621s

Simples : novas tecnologias / [Hilary Lamb, Bea Perks ; tradução Regiane Winarski]. - 1. ed. - Rio de Janeiro : Globo Livros, 2025.
160 p. (Simples)

Tradução de: Simply : emerging technology
Inclui índice
ISBN 978-65-5987-217-6

1. Tecnologia. I. Perks, Bea. II. Winarski, Regiane. III. Título.

24-95592
CDD: 600
CDU: 6

Gabriela Faray Ferreira Lopes - Bibliotecária - CRB-7/6643

For the curious
www.dk.com

AUTORA E CONSULTORA
Hilary Lamb é jornalista, editora e autora premiada que escreve sobre ciência e tecnologia. Ela estudou Física na University of Bristol e Comunicação Social na Imperial College of London antes de trabalhar cinco anos como repórter de revista. Ela trabalhou em outros títulos da DK, entre eles *Simples Inteligência Artificial* e *O livro da Física*, ambos lançados pela Globo Livros.

COLABORADORA
Bea Perks escreve sobre medicina e ciências e é jornalista residente de Cambridge, Reino Unido. Ela tem PhD em Farmacologia Clínica e já editou periódicos, escreveu para empresas de farmacologia e contribuiu com revistas e sites populares sobre ciências. Ela também escreveu para vários títulos da DK.

SUMÁRIO

BIOTECNOLOGIA

7 **INTRODUÇÃO**

MATERIAIS

10 *Pequenos demais para serem vistos*
   NANOMATERIAIS
12 *Cristais emissores de cor*
   PONTOS QUÂNTICOS
13 *Além da natureza*
   METAMATERIAIS
14 *Limite de danos*
   MATERIAIS AUTORREPARÁVEIS
15 *Leves como nuvem, fortes como aço*
   AEROGÉIS
16 *Inspirada na natureza*
   BIOMIMÉTICA
17 *Look do dia: computadores*
   TECIDOS INTELIGENTES
18 *Dispositivos dobráveis*
   ELETRÔNICOS FLEXÍVEIS
19 *Tela transparente*
   MONITORES TRANSPARENTES
20 *Plásticos sem petróleo*
   BIOPLÁSTICOS
21 *Enzimas comedoras de plástico*
   QUEBRA BIOLÓGICA DE PLÁSTICOS
22 *Imprimindo tudo*
   MANUFATURA ADITIVA
23 *Origami definitivo*
   IMPRESSÃO 4D

26 *Decifrando códigos genéticos*
   GENÔMICA
27 *Paisagens biológicas*
   BIOLOGIA ESPACIAL
28 *Saúde sob medida*
   MEDICINA PERSONALIZADA
29 *Virtualmente iguais*
   GÊMEOS DIGITAIS NA MEDICINA
30 *Doutor IA*
   DIAGNÓSTICO CLÍNICO USANDO IA
31 *Remédios prontos para misturar*
   BIOMEDICINA SOB DEMANDA
32 *Medicina em miniatura*
   NANOMEDICINA
33 *Diagnóstico imediato*
   LABORATÓRIO EM UM CHIP
34 *DNA corta e cola*
   ENGENHARIA GENÉTICA
35 *Nem tão natural*
   BIOLOGIA SINTÉTICA
36 *Cortando o mal pela raiz*
   TERAPIA GENÉTICA
37 *Engenharia celular*
   TERAPIA CELULAR
38 *Recuperação estruturada*
   ENGENHARIA DE TECIDOS
39 *Órgãos sob medida*
   BIOIMPRESSÃO
40 *Útero artificial*
   GESTAÇÃO FORA DO CORPO
41 *Retorno dos extintos*
   DEEXTINÇÃO

42   Renovação celular
     ANTIENVELHECIMENTO
43   Despedidas ecológicas
     FUNERAIS SUSTENTÁVEIS

ALIMENTAÇÃO E AGRICULTURA

46   Plantações no céu
     AGRICULTURA VERTICAL
47   A internet das plantações
     AGRICULTURA DE PRECISÃO
48   Trabalhadores agrícolas robôs
     AGRICULTURA AUTOMATIZADA
49   Fertilizantes embutidos
     FIXAÇÃO DE NITROGÊNIO
50   Que seca?
     PLANTAÇÕES RESISTENTES À SECA
51   A solução salina
     PLANTAÇÕES RESISTENTES AO SAL
52   Algacultura
     CULTIVO DE MICROALGAS
53   Grilo à milanesa
     PECUÁRIA DE INSETOS
54   Carne de laboratório
     CARNE CULTIVADA
55   Culinária impressa
     ALIMENTOS IMPRESSOS EM 3D

TRANSPORTE

58   Carros na tomada
     NOVA GERAÇÃO DE CARROS ELÉTRICOS
59   Era sol que me faltava
     TRANSPORTE COM ENERGIA SOLAR
60   Voar sem culpa
     COMBUSTÍVEL SUSTENTÁVEL DE AVIAÇÃO
61   Alimentado por hidrogênio
     CÉLULAS DE COMBUSTÍVEL DE HIDROGÊNIO
62   Não tenha, use
     MOBILIDADE COMO SERVIÇO (MAAS)
63   Veículos robóticos
     O PILOTO SUMIU
64   O bonde tá passando
     COMBOIOS
65   Fofocarros
     VEÍCULOS CONECTADOS
66   Tão rápido quanto um avião?
     TREM DE ALTA VELOCIDADE
67   Seu pedido chegou
     DRONES ENTREGADORES
68   Voo de Táxi, cê sabe
     DRONES DE PASSAGEIROS
69   Pronto para (re)lançar
     FOGUETES REUTILIZÁVEIS
70   Aviões espaciais
     HÍBRIDOS DE AVIÃO E NAVE ESPACIAL
71   Autômatos debaixo da água
     SUBMARINOS AUTÔNOMOS

TECNOLOGIA DA INFORMAÇÃO

74   Emulando o cérebro
     INTELIGÊNCIA ARTIFICIAL
76   IA em toda parte
     CÉREBROS ARTIFICIAIS
78   Robôs de escritório
     AUTOMAÇÃO ROBÓTICA DE PROCESSOS

79 Criação acessível de aplicativos
BAIXO CÓDIGO/SEM CÓDIGO

80 Computação em tudo
COMPUTAÇÃO EDGE

81 Servidores com pagamento sob demanda
COMPUTAÇÃO SEM SERVIDOR

82 Computação com luz
COMPUTAÇÃO ÓPTICA

84 Além do disco rígido
ARMAZENAMENTO ALTERNATIVO DE DADOS

86 Solucionando o impossível
COMPUTAÇÃO QUÂNTICA

87 Em todo lugar ao mesmo tempo
BITS E QUBITS

88 A quântica na prática
APLICAÇÕES QUÂNTICAS

89 Clássico X Quântico
SUPREMACIA QUÂNTICA

90 Códigos inquebráveis
CRIPTOGRAFIA QUÂNTICA

92 Detectores delicados
SENSORES QUÂNTICOS

COMUNICAÇÃO E MÍDIA

96 Vida conectada
INTERNET DAS COISAS

98 Internet da era espacial
CONEXÃO VIA SATÉLITE

99 Cobertura global
CONSTELAÇÕES DE SATÉLITES

100 Falando com luz
LI-FI

101 Rede do futuro?
WEB 3.0

102 Bloco a bloco
TECNOLOGIA DE BLOCKCHAIN

103 Falando com máquinas
PROCESSAMENTO DE LINGUAGEM NATURAL

104 Artistas de IA
MÍDIA GERADA POR IA

105 Ambientes enriquecidos
REALIDADE ESTENDIDA

106 Dentro do metaverso
MUNDOS VIRTUAIS

107 Com o movimento da mão
COMPUTAÇÃO BASEADA EM GESTOS

108 Controle mental
INTERFACES CÉREBRO--COMPUTADOR

109 Imortalidade digital
TRANSFERÊNCIA MENTAL

ROBÓTICA

112 Cirurgia remota
CIRURGIAS ASSISTIDAS POR ROBÔS

113 Robôs na fábrica
ROBÔS INDUSTRIAIS

114 Robôs ao resgate
ROBÓTICA DE BUSCA E RESGATE

115 Um toque humano
ROBÓTICA MACIA

116 Robôs em miniatura
MICRO E NANOBOTS

117 Trabalhando com a natureza
BIORROBÓTICA

118 Força sobre-humana
EXOESQUELETOS MOTORIZADOS

119 Inteligência de enxame
ROBÓTICA DE ENXAME

120 *Cérebro e corpo*
IA INCORPORADA

121 *Vivendo com robôs*
ROBÔS NO MUNDO REAL

122 *Robôs assassinos*
GUERRA ROBÓTICA

123 *Exploradores robôs*
ROBÓTICA ESPACIAL

ENERGIA

126 *Redes do futuro*
REDE INTELIGENTE

128 *De cinza a verde*
HIDROGÊNIO COM EMISSÃO ZERO

130 *Cortando carbono*
CAPTURA DE CARBONO

132 *Baterias gigantes*
ARMAZENAMENTO DE ENERGIA EM ESCALA DE REDE

133 *Baterias que não prejudicam o planeta*
BATERIAS SUSTENTÁVEIS

134 *Além das baterias químicas*
BATERIAS FÍSICAS

135 *Colhendo o sol*
PAINÉIS SOLARES POR TODA PARTE

136 *Aerogeradores suspensos*
GERADORES FLUTUANTES

137 *Boas vibrações*
TURBINAS EÓLICAS SEM HÉLICES

138 *Reatores em escala reduzida*
PEQUENOS REATORES MODULARES

139 *Energia do futuro?*
FUSÃO NUCLEAR

AMBIENTE CONSTRUÍDO

142 *Comunidades conectadas*
CIDADES INTELIGENTES

143 *Prédios virtuais*
GÊMEOS DIGITAIS

144 *Casas ecológicas*
EDIFÍCIOS DE ENERGIA ZERO

145 *Arranha-céus de madeira*
ESTRUTURAS DE MADEIRA ENGENHEIRADA

146 *Concreto "verde"*
CONCRETO DE BAIXO CARBONO

147 *Montagem rápida*
CONSTRUÇÃO MODULAR

148 *Lares impressos*
CASAS IMPRESSAS EM 3D

149 *Resistência às alterações climáticas*
CONSTRUÇÕES RESILIENTES AO CLIMA

150 *Partes móveis*
ESTRUTURAS ATIVAS

151 *Vida sob cúpulas*
SISTEMAS ECOLÓGICOS FECHADOS

152 *Construindo com poeira espacial*
UTILIZANDO RECURSOS NO ESPAÇO

153 *Vida em Marte*
COLÔNIAS ESPACIAIS

154 *Terra 2.0*
TERRAFORMANDO MARTE

156 **ÍNDICE**

TECNOLOGIAS NOVAS E FUTURAS

Da invenção da roda à chegada dos computadores pessoais, a tecnologia molda o mundo em que vivemos. As tecnologias emergentes podem ser definidas de forma geral como aquelas que ainda não são amplamente utilizadas. Algumas são limitadas a ambientes de pesquisa; outras estão completamente desenvolvidas, mas esperando viabilidade. Apresentar uma nova tecnologia na arena comercial pode ser um desafio enorme: a menos que possa ser produzida em quantidade com sucesso, seu potencial não será cumprido.

Muitas tecnologias emergentes têm boa chance de alcançar efeito social, ambiental ou econômico significativo. Há muito trabalho em pesquisa, desenvolvimento e implementação dessas tecnologias com intenção de melhorar o mundo – seja para encontrar tratamentos inovadores para ajudar pacientes com doenças raras, seja para executar engenharia genética em plantações para combater a fome em escala global.

Há muito esforço e investimento dedicados a tecnologias para reduzir as emissões de gases do efeito estufa e evitar os piores efeitos das mudanças climáticas. Entre elas estão tecnologias de infraestrutura de energia limpa, transporte movido a combustíveis alternativos e ferramentas para otimizar processos industriais, só para citar algumas.

Novas tecnologias também estão surgindo como resultado da conectividade cada vez maior. Bilhões de dispositivos digitais coletam e analisam dados por todo o planeta todos os dias. Essa informação pode ser usada para gerenciar todos os tipos de sistemas com eficiência, desde ajudar carros particulares a percorrerem o trânsito até otimizar serviços em cidades inteiras, com IA direcionando as decisões em tempo real. Em um mundo cada vez mais automatizado, o trabalho chato, sujo ou precário está sendo assumido por máquinas.

Estamos em um período empolgante e dinâmico de inovações. Se usadas amplamente, as novas tecnologias podem resolver muitos dos desafios mais urgentes do mundo.

MATERI

AIS

A engenharia de materiais envolve examinar e adaptar materiais existentes, assim como inventar novos, para ajudar a resolver problemas. Hoje em dia, há grande interesse em desenvolver materiais mais sustentáveis (plásticos compostáveis e componentes eletrônicos eficientes), "inteligentes" (materiais autorreparáveis e os que podem se adaptar ao ambiente) e úteis em aplicações médicas (dispositivos biocompatíveis e órgãos impressos em 3D). Alguns são inspirados pela natureza, enquanto outros têm propriedades nunca vistas antes, como a capacidade de curvar a luz ao redor de um objeto. Entretanto, materiais novos só se tornam realmente práticos quando são acessíveis de se fazer e usar.

PEQUENOS DEMAIS PARA SEREM VISTOS

Os nanomateriais são um grupo variado de materiais caracterizados pela dimensão reduzida, que pode ser de menos de 100 nanômetros (nm); 1 nm é um bilionésimo de metro. Isso é conhecido como escala nanoscópica ou nanométrica. Os nanomateriais existem na natureza, mas também podem ser criados de acordo com a necessidade, como força extrema ou condutividade elétrica. Essas propriedades possibilitam aplicações em incontáveis indústrias: a nanomedicina (p. 32), por exemplo, é um campo que usa tecnologia da escala nanométrica para diagnosticar e tratar doenças.

Quatro categorias

Nanomateriais podem ser classificados em quatro tipos amplos de acordo com quantas dimensões são medidas na escala nanométrica.

Nanomateriais 0D
O fulereno C60 (ou buckyball) e os nanoaglomerados são exemplos de materiais 0D – que têm dimensão de menos de 100 nm.

Nanomateriais 1D
Longos e finos, os nanomateriais 1D – como nanofios e nanotubos de carbono – têm uma única dimensão acima de 100 nm.

Nanomateriais 2D
Com duas dimensões acima de 100 nm, todos os nanomateriais 2D contêm camadas muito finas. O grafeno, uma nanofolha, é um exemplo.

Nanomateriais 3D
Abrangendo nanopartículas e nanocamadas, os nanomateriais 3D são materiais "volumosos" que têm mais de 100 nm de medida em todas as dimensões.

> "Nanotecnologia é manufaturar com átomos."
> William Powell, nanotecnólogo-chefe do Goddard Flight Centre

 NANOAGLO-MERADOS
 PONTOS QUÂNTICOS
 AGREGADOS ATÔMICOS
 **NANOPARTÍCULAS METÁLICAS**
 PONTOS QUÂNTICOS DE GRAFENO
 FULERENO C60

 NANOBARRAS
 NANOFIOS
 NANOTUBOS DE CARBONO
 NANOFITAS

 NANOFILMES
 NANOFOLHAS
 GRAFENO BICAMADA

 GRAFITE
 POLICRISTAIS
 ÓXIDO DE GRAFITE
 AEROGÉIS

NANOMATERIAIS | 11

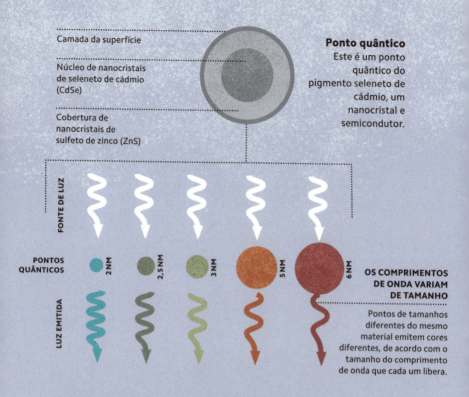

CRISTAIS EMISSORES DE COR

Pontos quânticos são cristais em nanoescala com propriedades óticas e eletrônicas únicas. Graças à proporção muito alta entre área de superfície e volume, eles são fotoluminescentes: absorvem e liberam luz. Quando pontos quânticos são iluminados por luz ultravioleta, eles produzem frequências diferentes de luz visível, de acordo com o tamanho do cristal. Por exemplo, pontos quânticos maiores emitem cores de baixa frequência como vermelho e laranja, enquanto os menores emitem cores de alta frequência, incluindo azul e roxo. Eles podem ser úteis para novos tipos de LEDs, lasers e dispositivos de imagens clínicas, dentre outras aplicações.

ALÉM DA NATUREZA

Os metamateriais são materiais compósitos elaborados para terem propriedades que ainda não foram vistas na natureza. Eles são formados a partir de substâncias diferentes – como metais, plásticos e cerâmicas – dispostas em padrões repetidos, em escalas menores do que os comprimentos de ondas da luz incidente. Essa estrutura dá aos metamateriais propriedades óticas extraordinárias. Por exemplo, podem ser usados para construir uma "capa da invisibilidade" que guia a luz em volta de um objeto coberto, escondendo-o de vista. Também é possível manipular ondas sonoras com o uso de metamateriais acústicos especialmente elaborados.

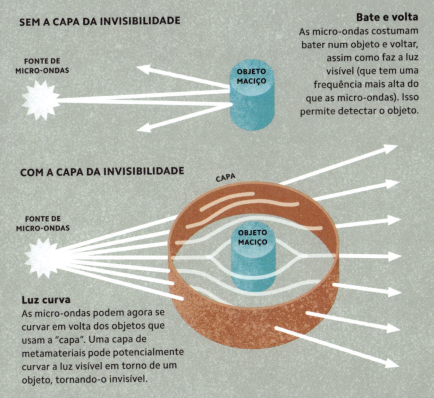

SEM A CAPA DA INVISIBILIDADE

FONTE DE MICRO-ONDAS

OBJETO MACIÇO

Bate e volta
As micro-ondas costumam bater num objeto e voltar, assim como faz a luz visível (que tem uma frequência mais alta do que as micro-ondas). Isso permite detectar o objeto.

COM A CAPA DA INVISIBILIDADE

CAPA

FONTE DE MICRO-ONDAS

OBJETO MACIÇO

Luz curva
As micro-ondas podem agora se curvar em volta dos objetos que usam a "capa". Uma capa de metamateriais pode potencialmente curvar a luz visível em torno de um objeto, tornando-o invisível.

LIMITE DE DANOS

Os materiais autorreparáveis podem de fato consertarem a si mesmos, sem intervenção humana, depois de sofrer danos como rachaduras e cortes. São muitas as maneiras como eles fazem isso – alguns são disparados por um estímulo externo, como luz ou calor, enquanto outros não precisam de nenhum estímulo além do dano em si. Os polímeros são o tipo mais comum de substância autorregenerativa, embora também existam metais, cerâmicas e vários tipos de concreto com essa característica. Os materiais autorreparáveis têm potencial para durar bem mais do que os convencionais e possuem muitos usos, como a construção de estradas, prédios e satélites mais robustos.

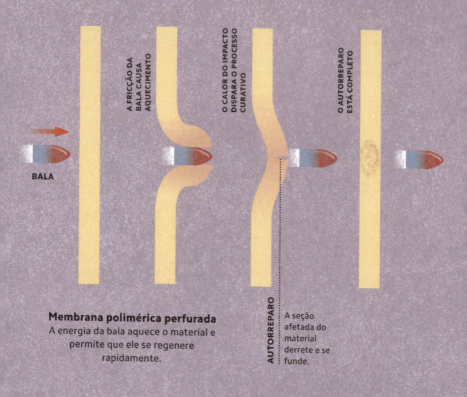

Membrana polimérica perfurada
A energia da bala aquece o material e permite que ele se regenere rapidamente.

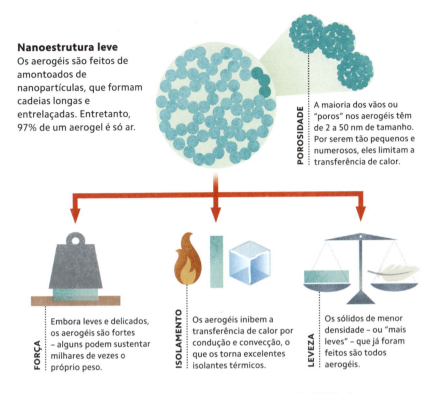

Nanoestrutura leve
Os aerogéis são feitos de amontoados de nanopartículas, que formam cadeias longas e entrelaçadas. Entretanto, 97% de um aerogel é só ar.

POROSIDADE
A maioria dos vãos ou "poros" nos aerogéis têm de 2 a 50 nm de tamanho. Por serem tão pequenos e numerosos, eles limitam a transferência de calor.

FORÇA
Embora leves e delicados, os aerogéis são fortes – alguns podem sustentar milhares de vezes o próprio peso.

ISOLAMENTO
Os aerogéis inibem a transferência de calor por condução e convecção, o que os torna excelentes isolantes térmicos.

LEVEZA
Os sólidos de menor densidade – ou "mais leves" – que já foram feitos são todos aerogéis.

LEVES COMO NUVEM, FORTES COMO AÇO

Os aerogéis são uma classe de materiais ultraleves com propriedades que contrariam sua aparência quase de nuvem. Apesar de serem derivados de géis, o líquido é substituído por um gás, como ar – por isso o nome – enquanto retêm a estrutura original do gel. O resultado é um sólido forte com densidade extremamente baixa, condutividade térmica baixa e outras qualidades vantajosas, dependendo do tipo de aerogel. Eles têm uma variedade de aplicações, inclusive isolamento térmico (por exemplo, em trajes espaciais e nos rovers da NASA), detectores de partículas, sistemas de aplicação de medicamentos e equipamentos esportivos.

ADESIVOS SECOS — A estrutura peculiar dos dedos de uma lagartixa, que permite que ela corra em quase qualquer superfície, está influenciando os novos adesivos.

MATERIAIS SUPERFORTES — A seda da aranha é a fibra mais forte da natureza. Os cientistas estão tentando desenvolver versões artificiais.

TRAJES DE BANHO MAIS VELOZES — Trajes de banho que imitam as escamas irregulares e sobrepostas da pele de tubarão permitem nadar mais rápido.

INSPIRADA NA NATUREZA

Com o benefício de milhões de anos de evolução, a natureza encontrou soluções engenhosas para todo o tipo de problema. A inspiração tecnológica tirada do mundo natural é conhecida como biomimética e cobre muitos campos, inclusive a robótica e a ciência de materiais. Materiais biomiméticos existem há muitas décadas (o velcro, inspirado por carrapichos, foi inventado nos anos 1940), e novos materiais com propriedades incomuns e úteis são elaborados todos os anos. Eles variam de materiais de coleta de água inspirados em cactos e besouros a tecido de trajes de banho com base na pele de tubarão.

COLETORES DE ÁGUA — Alguns besouros usam as asas para colher água do ar, inspirando estruturas de coletores de água.

CASCO AEROESPACIAL — As camadas de osso e chifre no casco de um tatu podem contribuir para novos e rígidos materiais para uso no espaço.

CAMUFLAGEM ADAPTATIVA — Os cientistas esperam replicar a capacidade dos cefalópodes de controlar a aparência da própria pele.

Roupa tecnológica
Avanços em campos como eletrônicos flexíveis (ver p. 18) permitem projetar materiais têxteis com diferentes funcionalidades.

LOOK DO DIA: COMPUTADORES

Tecidos inteligentes incorporam propriedades melhoradas, como a capacidade de sentir e reagir ao ambiente ou ao usuário. Isso possibilita roupas mais confortáveis, protetoras e úteis, ou que podem até funcionar como dispositivos vestíveis se equipadas com componentes eletrônicos. Tais tecidos podem, por exemplo, reagir à luz, temperatura e som. Alguns são capazes de se autodesinfetar, "memorizar" formas ou coletar dados – como informações de saúde e forma física – do corpo do usuário em tempo real.

> "Os dobráveis serão uma força motriz [no mercado de smartphones]."
> Lee Jong-min, vice-presidente da Samsung

DISPOSITIVOS DOBRÁVEIS

Os circuitos eletrônicos costumam ser rígidos, mas, ao colocar os componentes ativos em substratos flexíveis, como membranas, folhas ou tecidos, eles podem se tornar maleáveis. As primeiras células solares flexíveis foram criadas nos anos 1960. Desde então, avanços tecnológicos (como no campo dos circuitos impressos) levaram a uma variedade enorme de dispositivos que podem ser curvados, enrolados, girados, esticados e dobrados. Por exemplo, os usuários podem vestir circuitos finos e flexíveis equipados com sensores integrados para monitoramento de saúde.

VELOCIDADE
Informações úteis em tempo real, como velocidade de um veículo, são acessadas com facilidade.

ALERTAS
Avisos e orientações aparecem no para-brisa.

DIREÇÃO CERTA
O motorista pode consultar facilmente a rota enquanto dirige.

Olhar atento
Os para-brisas são uma boa aplicação para os monitores transparentes. Eles oferecem informações aos motoristas sem forçá-los a olhar para baixo e para longe da rua. Este é um exemplo de um monitor de alerta (head-up display).

TELA TRANSPARENTE

Um monitor transparente é uma tela que permite ao usuário ver seu conteúdo ao mesmo tempo que consegue enxergar através dele. São dois tipos principais: os monitores de emissão, que produzem imagem a partir da geração de luz; e os monitores de absorção, que funcionam bloqueando luz. Outros tipos estão em desenvolvimento, inclusive um que vai funcionar em qualquer superfície transparente. Monitores transparentes são úteis em sistemas de realidade aumentada, criando camadas de conteúdo digital na visão do usuário, como informações em tempo real sobre os objetos que ele está vendo.

PLÁSTICOS SEM PETRÓLEO

O plástico é feito de substâncias químicas extraídas de combustíveis fósseis num processo que é prejudicial ao ambiente. Entretanto, é possível fazer plástico a partir de biomassa renovável como milho, cana-de-açúcar, óleo vegetal, lascas de madeira e restos de comida. Eles são conhecidos como bioplásticos. Há muitos tipos de bioplásticos, alguns biodegradáveis e até compostáveis – esses são os ideais para sacos de compostagem, filme de embalagem e outros usos descartáveis. Porém, menos de um por cento do plástico produzido anualmente vem de biomassa. Os pesquisadores esperam baratear e melhorar o desempenho de materiais assim, para que possam competir com o plástico convencional.

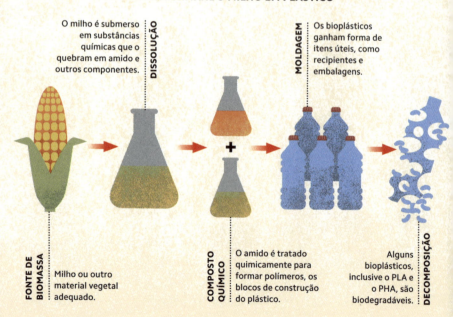

TRANSFORMANDO MILHO EM PLÁSTICO

DISSOLUÇÃO: O milho é submerso em substâncias químicas que o quebram em amido e outros componentes.

MOLDAGEM: Os bioplásticos ganham forma de itens úteis, como recipientes e embalagens.

FONTE DE BIOMASSA: Milho ou outro material vegetal adequado.

COMPOSTO QUÍMICO: O amido é tratado quimicamente para formar polímeros, os blocos de construção do plástico.

DECOMPOSIÇÃO: Alguns bioplásticos, inclusive o PLA e o PHA, são biodegradáveis.

20 | BIOPLÁSTICOS

ENZIMAS COMEDORAS DE PLÁSTICO

Com a poluição por plásticos ameaçando a saúde ambiental e pública, os cientistas estão tentando encontrar formas de decompor plástico mais rápido. Uma garrafa feita de politereftalato de etileno (PET) leva cerca de 450 anos para se decompor. Uma possibilidade é desenvolver bactérias que "comam" lixo plástico. Algumas bactérias conseguem decompor plásticos em substâncias inofensivas – por exemplo, a *Ideonella sakaiensis* desenvolveu a capacidade de quebrar PET usando as enzimas PETase e MHETase. Espera-se que, com a engenharia genética (ver p. 34), essas propriedades possam ser exploradas para decompor plásticos em uma boa velocidade.

DESENVOLVENDO BACTÉRIAS COMEDORAS DE PLÁSTICO

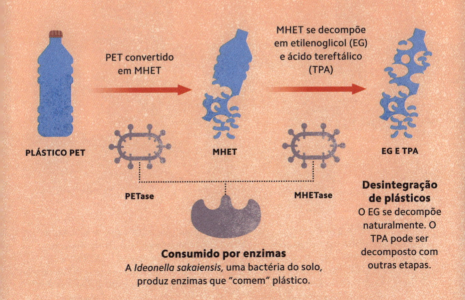

QUEBRA BIOLÓGICA DE PLÁSTICOS

IMPRIMINDO TUDO

A manufatura aditiva, ou impressão 3D, inclui uma variedade de diferentes processos pelos quais objetos 3D são construídos a partir de modelos digitais usando uma máquina controlada por computador chamada impressora 3D. Isso reduz os custos de manufatura, permite customizar as peças e produzir formas complexas com alta precisão. Os pesquisadores estão trabalhando na possibilidade de imprimir uma grande variedade de objetos, como comida (ver p. 55), implantes clínicos personalizados e até tecido vivo (ver p. 39).

Extrusão
Um filamento (normalmente plástico) é derretido num bico quente e espremido numa superfície.

Objeto 2D
Primeiro, um objeto plano é impresso. Dentro da estrutura há um arranjo cuidadoso de materiais com várias propriedades. É fácil de guardar e transportar.

Acrescente calor e umidade
Em seguida, o objeto plano é imerso em água quente. Seus vários materiais reagem de formas diferentes ao calor e à umidade, fazendo o objeto se dobrar.

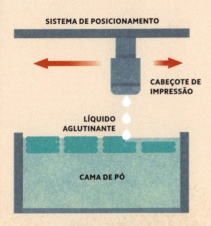

Binder jetting
O cabeçote de impressão deposita líquido aglutinante a cada camada do material em pó para construir o objeto.

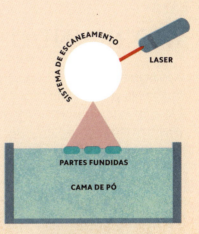

Sinterização a laser
Um raio laser poderoso é apontado por meio de um espelho para o pó, que se funde numa massa sólida.

ORIGAMI DEFINITIVO

Uma cadeira é formada
O material é "programado" para parar de se dobrar quando formar uma cadeira. Objetos de todas as formas e tamanhos podem ser produzidos assim.

Na impressão 4D, ou origami ativo, a manufatura aditiva produz objetos 3D "vivos", que mudam de forma em reação a estímulos externos, como calor ou luz. Isso costuma ser feito rearranjando os materiais que compõem o objeto, sendo que cada um reage de forma diferente aos mesmos estímulos, como fazer certas partes incharem com água. Podem ser usados em tubulações adaptáveis que mudam de diâmetro e em objetos que se montam sozinhos.

BIOTECN

OLOGIA

Avanços revolucionários em biotecnologia estão gerando transformações em muitos campos de atividade humana, um deles a saúde. A bioimpressão está tornando a manufatura de órgãos humanos uma possibilidade real. Os medicamentos em nanoescala possibilitam mais precisão e a limitação de efeitos colaterais indesejados, bem como as funções de um laboratório foram reduzidas a dispositivos do tamanho de um selo, o que permite realizar testes nos leitos com resultados imediatos. Os cientistas agora podem usar engenharia celular para curar partes do corpo doentes ou feridas, enquanto a engenharia genética pode ajudar a tratar distúrbios agudos e promete reviver espécies extintas.

DECIFRANDO CÓDIGOS GENÉTICOS

A genética olha individualmente para cada gene (ver à direita). A genômica é o estudo da totalidade dos genes de um organismo: seu genoma. Os cientistas sequenciaram inteiramente o genoma humano (determinaram a ordem de seus bilhões de nucleotídeos – os blocos que formam o RNA e o DNA) e o de muitos outros organismos. Isso levou a avanços biológicos e medicinais. Por exemplo, partes do genoma ligadas a características desejáveis podem ser usadas para produzir variedades úteis de outro organismo, como plantações resistentes a secas (ver p. 50).

O detalhe
A genética revela como genes individuais (sequências de DNA em um único cromossomo) podem passar características e condições (ver abaixo) para novas gerações.

GENE EM UM CROMOSSOMO

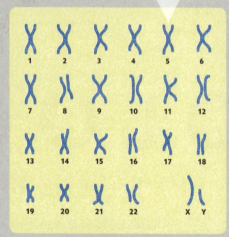

O todo
A genômica usa a tecnologia de sequenciamento de DNA para estudar como os genes se relacionam entre eles e com o ambiente. Isso nos ajuda a entender como esses fatores influenciam o desenvolvimento de um organismo ou contribuem com uma doença.

INTERAÇÕES DE GENES EM UM CONJUNTO COMPLETO DE CROMOSSOMOS

+
ESTILO DE VIDA E FATORES AMBIENTAIS

=
PADRÕES DE DOENÇAS COMPLEXAS, COMO AS CARDÍACAS OU O DIABETES

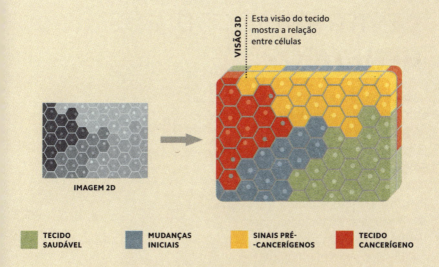

Mapeando tecidos
Ao criar modelos 3D extremamente detalhados de tecidos, a biologia espacial pode identificar tecidos doentes e detectar mudanças primárias em células ao redor.

PAISAGENS BIOLÓGICAS

Sistemas biológicos são redes intrincadas em 3D. Usando a biologia espacial, agora é possível criar mapas 3D desses sistemas. A biologia espacial combina o sequenciamento avançado do genoma com técnicas de imagem como a imunofluorescência (usando corantes fluorescentes para visualizar alvos) para modelar como milhões de tipos diferentes de células estão organizados no tecido. Isso permite o estudo de células, proteínas e outros fatores em dimensões múltiplas dentro das paisagens biológicas complexas. O nível de detalhe fornece percepções inéditas – por exemplo, revelando a atividade de células dentro de tumores (ver acima).

SAÚDE SOB MEDIDA

O risco de uma pessoa desenvolver uma doença específica ou de não responder a um tratamento pode ser previsto em parte pelo sequenciamento de DNA do genoma dela. Estudar as ligações entre genômica (inclusive com pesquisa de biomarcadores genéticos) e doenças ajuda os médicos a guiarem pacientes para prevenção e planos de tratamento sob medida. O número de pessoas cujo genoma foi sequenciado cresceu de uma no final do século XX para dezenas de milhões nos anos 2020, com a medicina personalizada amplamente prevista para revolucionar a saúde nos anos futuros.

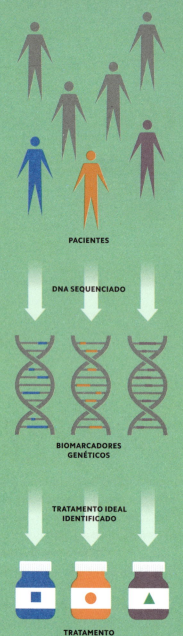

Localizando diferenças
A identificação de uma mutação genética específica (ver p. 36), junto a informações sobre o estilo de vida de um paciente, diz aos médicos qual tratamento tem mais chance de sucesso.

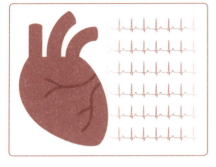 

CORAÇÃO ORIGINAL   **GÊMEO DIGITAL**

Modelando o coração
Um software de simulação prevê os resultados de imagens diagnósticas produzidas por tomografia computadorizada (ver p. 39) e ressonância magnética, assim como por análises moleculares e pontuação de sintomas. A partir disso, cria um gêmeo digital do coração de um paciente.

VIRTUALMENTE IGUAIS

As representações digitais, ou gêmeos, de objetos físicos são usadas para simular um comportamento real. Um gêmeo digital de um órgão como o coração é criado usando informações atualizadas do coração de um indivíduo vivo. O gêmeo mostra aos médicos e cientistas como o coração está falhando e qual tratamento tem mais possibilidade de resolver o problema. No caso de doenças cardiovasculares, como arritmia, os gêmeos digitais vão melhorar a forma como os pacientes com a mesma condição são categorizados, usando as múltiplas variáveis clínicas, visuais e moleculares, entre outras, para guiar o diagnóstico e o tratamento.

DOUTOR IA

A inteligência artificial (IA) pode aumentar a precisão e a velocidade do diagnóstico clínico, liberando tempo para concentrar-se no cuidado do paciente. A IA pode processar grandes quantidades de dados, inclusive eletrocardiogramas (ECGs), pulsação, históricos clínicos e informações demográficas. Isso é usado para construir uma imagem mais completa do paciente, o que ajuda os médicos a identificar riscos, prevenir doenças, diagnosticar problemas com antecedência e reduzir os erros de diagnóstico. A IA aumenta as opções de tratamento e melhora os resultados. A precisão e a capacidade de identificar biomarcadores mais cedo pode facilitar o tratamento personalizado de um câncer, por exemplo.

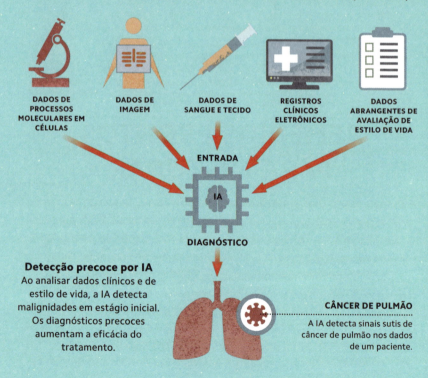

DADOS DE PROCESSOS MOLECULARES EM CÉLULAS

DADOS DE IMAGEM

DADOS DE SANGUE E TECIDO

REGISTROS CLÍNICOS ELETRÔNICOS

DADOS ABRANGENTES DE AVALIAÇÃO DE ESTILO DE VIDA

ENTRADA

IA

DIAGNÓSTICO

Detecção precoce por IA
Ao analisar dados clínicos e de estilo de vida, a IA detecta malignidades em estágio inicial. Os diagnósticos precoces aumentam a eficácia do tratamento.

CÂNCER DE PULMÃO
A IA detecta sinais sutis de câncer de pulmão nos dados de um paciente.

30 | DIAGNÓSTICO CLÍNICO USANDO IA

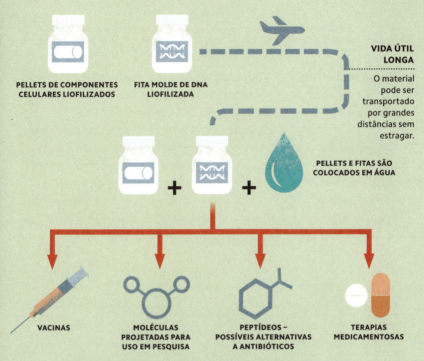

REMÉDIOS PRONTOS PARA MISTURAR

A demanda por biofármacos (remédios ou vacinas feitos de células ou organismos vivos) está crescendo. Remédios contendo DNA precisam ser armazenados a -80°C, mas muitas vezes sua demanda está longe da unidade de resfriamento de um laboratório. A liofilização permite que eles sejam transportados e armazenados em segurança; os componentes celulares e os moldes de DNA podem ser liofilizados separadamente em pellets pequenininhos que se mantêm estáveis por longos períodos. Assim, podem ser levados para ambientes de poucos recursos ou zonas de guerra, por exemplo, onde são hidratados juntos para produzir remédios, vacinas e outros tratamentos sob demanda.

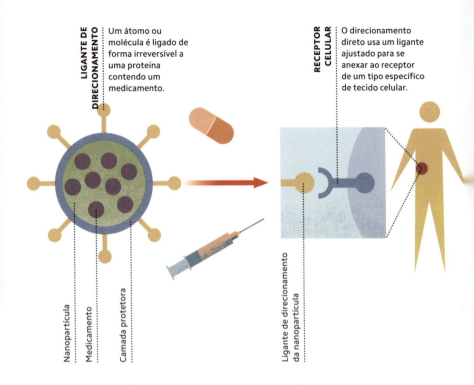

MEDICINA EM MINIATURA

A nanomedicina envolve o uso de nanomateriais (nanopartículas), de 1-100 nm de diâmetro. As nanopartículas por si só não reagem aos arredores nem se direcionam a pontos específicos, diferentemente dos micro e nanobots (ver p. 116). A nanomedicina usa ligantes (átomos ou moléculas) que se direcionam e se prendem a células específicas. O tamanho das nanopartículas e sua área de superfície relativamente grande estão associados a uma alta eficácia terapêutica, o que significa que menos medicamentos são necessários e menos efeitos colaterais são esperados. As nanopartículas também são usadas para diagnóstico, monitoramento e prevenção de doenças.

DIAGNÓSTICO IMEDIATO

Um laboratório em um chip é um laboratório bem pequeno numa plataforma do tamanho de uma lâmina de microscópio, cerca de 19,5 cm². Os microcanais na plataforma guiam a amostra de fluido em uma série de operações, fazendo múltiplas análises simultaneamente em células individuais e uma única gota de amostra. Os médicos podem executar esses exames no leito de um paciente. O sistema requer bombas integradas e, como qualquer laboratório de tamanho tradicional, válvulas, reagentes e aparelhos eletrônicos.

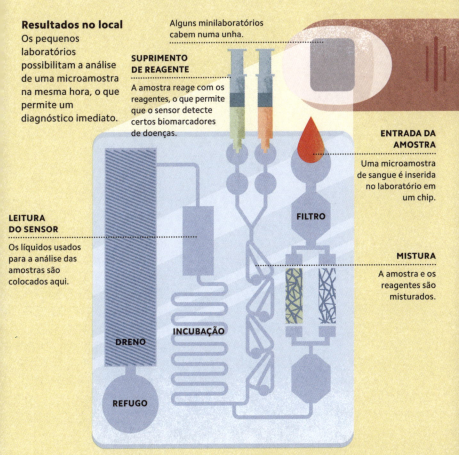

Resultados no local
Os pequenos laboratórios possibilitam a análise de uma microamostra na mesma hora, o que permite um diagnóstico imediato.

Alguns minilaboratórios cabem numa unha.

SUPRIMENTO DE REAGENTE
A amostra reage com os reagentes, o que permite que o sensor detecte certos biomarcadores de doenças.

ENTRADA DA AMOSTRA
Uma microamostra de sangue é inserida no laboratório em um chip.

LEITURA DO SENSOR
Os líquidos usados para a análise das amostras são colocados aqui.

MISTURA
A amostra e os reagentes são misturados.

FILTRO

INCUBAÇÃO

DRENO

REFUGO

LABORATÓRIO EM UM CHIP | 33

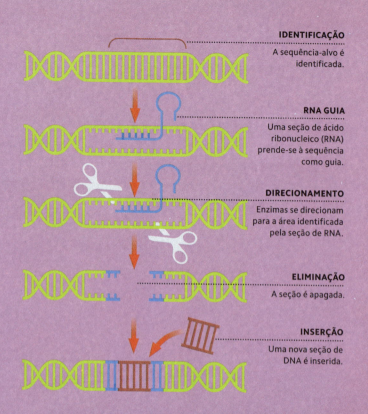

DNA CORTA E COLA

Os cientistas podem manipular sequências genéticas inserindo ou removendo segmentos de ácido desoxirribonucleico (DNA). Um gene defeituoso pode ser removido ou editado, ou um gene de uma espécie pode ser inserido em outra espécie. Esse tipo de modificação genética é usado na agricultura, para melhorar a resistência a herbicidas e pesticidas, ou para incrementar a produção de nutrientes específicos. A engenharia genética também é usada para desenvolver micro-organismos que produzem insulina humana para tratar diabetes, ou proteínas de coagulação do sangue para tratar hemofilia. A ferramenta de edição de genes CRISPR-Cas9, que reconhece e corta sequências específicas de DNA, melhorou a eficiência, o custo e a precisão da terapia genética (ver p. 36).

NEM TÃO NATURAL

Entre as possibilidades da biologia sintética está redesenhar organismos para executarem funções que não executam na natureza e que podem beneficiar várias indústrias. Diferentemente da edição de genoma, em que são feitas pequenas mudanças nas sequências de DNA, aqui todo o código genético de um organismo é alterado inserindo longas extensões de DNA sintético ou do DNA de outra espécie. Dessa forma, bactérias foram modificadas para produzir medicamentos, e bichos-da-seda foram alterados para produzir seda mais forte.

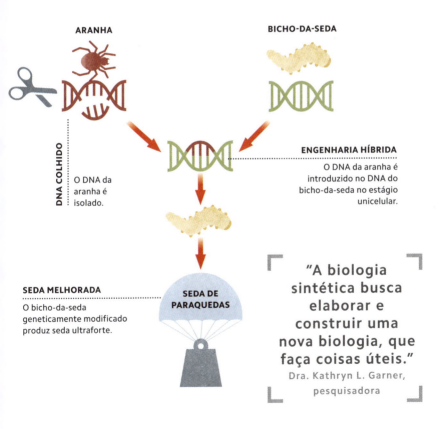

ARANHA

BICHO-DA-SEDA

DNA COLHIDO
O DNA da aranha é isolado.

ENGENHARIA HÍBRIDA
O DNA da aranha é introduzido no DNA do bicho-da-seda no estágio unicelular.

SEDA MELHORADA
O bicho-da-seda geneticamente modificado produz seda ultraforte.

SEDA DE PARAQUEDAS

"A biologia sintética busca elaborar e construir uma nova biologia, que faça coisas úteis."
Dra. Kathryn L. Garner, pesquisadora

BIOLOGIA SINTÉTICA | 35

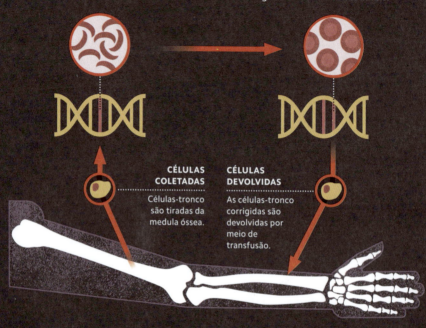

CORTANDO O MAL PELA RAIZ

A perspectiva de tratar doenças genéticas pela transferência de material genético para as células se tornou realidade. Agora é possível substituir ou desativar genes causadores de doenças ou acrescentar genes modificados às células de um paciente usando uma variedade de veículos ou vetores. A medula óssea é uma fonte rica de células-tronco que podem ser coletadas de um paciente e receber um gene saudável ou corrigido. Por exemplo, os cientistas podem remover células-tronco da medula óssea de um paciente que sofre de anemia falciforme, substituir o gene da hemoglobina causador da doença e fazer transfusão das células alteradas de volta para o fluxo sanguíneo do paciente.

ENGENHARIA CELULAR

A terapia celular é usada para deter ou reverter doenças e restaurar órgãos danificados. Para tal, são utilizadas células--tronco, que podem ser transformadas em quase qualquer outro tipo de célula no corpo, e células desenvolvidas fora do corpo. Os médicos podem remover as células T (leucócitos que são parte do sistema imunológico) de um paciente com câncer e modificá-las para se tornarem células T com receptor de antígeno quimérico (CAR). Quando as células CAR-T são reintroduzidas no fluxo sanguíneo do paciente, elas identificam proteínas específicas nas células cancerígenas e as destroem.

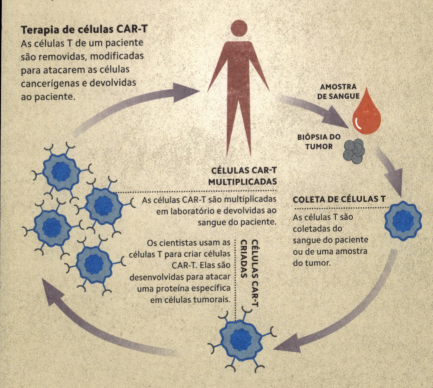

Terapia de células CAR-T
As células T de um paciente são removidas, modificadas para atacarem as células cancerígenas e devolvidas ao paciente.

AMOSTRA DE SANGUE

BIÓPSIA DO TUMOR

CÉLULAS CAR-T MULTIPLICADAS
As células CAR-T são multiplicadas em laboratório e devolvidas ao sangue do paciente.

COLETA DE CÉLULAS T
As células T são coletadas do sangue do paciente ou de uma amostra do tumor.

Os cientistas usam as células T para criar células CAR-T. Elas são desenvolvidas para atacar uma proteína específica em células tumorais.

CÉLULAS CAR-T CRIADAS

TERAPIA CELULAR | 37

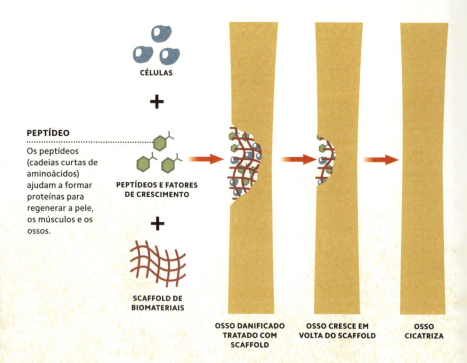

RECUPERAÇÃO ESTRUTURADA

Por meio da engenharia de tecidos, as células de um paciente podem receber ajuda para crescerem em torno de uma área danificada ou doente usando um scaffold (estrutura tridimensional) feito de material absorvível ou biodegradável. As células, inclusive as células-tronco, e fatores de crescimento são acrescentados ao scaffold, onde elas crescem e se desenvolvem em novo tecido. A engenharia de tecidos evita a necessidade de transplante de um doador. Esses tecidos podem ser de ossos, pele, cartilagem e do coração. A cartilagem de um joelho danificado já foi regenerada usando essa tecnologia. Os cientistas também criaram enxertos de osso maduro usando células ósseas (osteoblastos) desenvolvidas em laboratório junto com fatores de crescimento e um scaffold de biomaterial.

ÓRGÃOS SOB MEDIDA

Tecidos podem ser impressos com uma impressora 3D usando células e biomateriais no lugar de tinta ou plástico. A impressora segue instruções tiradas do escaneamento de tecidos existentes. Essas digitalizações são produzidas por máquinas de TC (tomografia computadorizada, que combina uma série de radiografias) e RM (ressonância magnética). O tecido resultante é impresso no sistema bottom-up, usando uma mistura de células, matriz e nutrientes chamada "biotinta". Esses tecidos de impressão 3D oferecem uma alternativa melhorada a células desenvolvidas em placas de Petri. O objetivo final é conseguir desenvolver órgãos inteiros para transplante.

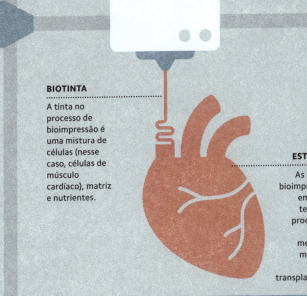

BIOTINTA
A tinta no processo de bioimpressão é uma mistura de células (nesse caso, células de músculo cardíaco), matriz e nutrientes.

ESTRUTURA 3D
As biotintas são bioimpressas em 3D em modelos de tecido (tecidos produzidos) para testes de medicamentos, modelagem de doenças e transplantes in-vitro.

BIOIMPRESSÃO | 39

ÚTERO ARTIFICIAL

Recriar o ambiente em que um bebê se desenvolve antes de nascer pode aumentar as chances de sucesso de partos muito prematuros. Pesquisadores transferiram fetos de carneiro para bolsas estéreis que funcionam como úteros artificiais. O coração fetal precisa estar suficientemente desenvolvido para bombear sangue. Um fluido que simula o líquido amniótico (o líquido ao redor do feto) é bombeado para dentro e para fora da bolsa. Uma placenta substituta chamada de "oxigenador" é conectada ao feto pelo cordão umbilical. O coração fetal bombeia sangue e dejetos para a placenta, e o sangue oxigenado e nutrientes são devolvidos.

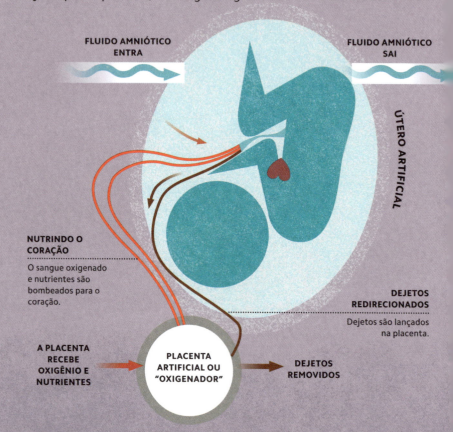

40 | GESTAÇÃO FORA DO CORPO

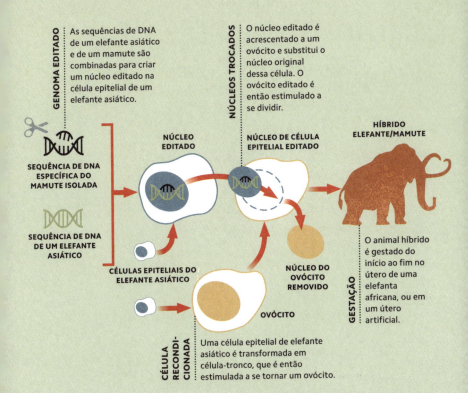

RETORNO DOS EXTINTOS

A biotecnologia oferece a possibilidade de criar animais que se parecem com espécies extintas. A deextinção usa métodos como os usados para clonar a ovelha Dolly em 1996: uma célula adulta com DNA editado é fundida com um ovócito não fertilizado sem seu DNA. Os cientistas teorizam que o método de edição de genes CRISPR-Cas9 (ver p. 34) pode ajudar a trazer de volta espécies perdidas usando o genoma de animais extintos como base. Entretanto, o tecido desses animais pode estar velho e danificado, o que fragmenta seu genoma. As discussões atuais sobre recriar um mamute consideram gestá-lo em um útero artificial (ver página anterior).

DEEXTINÇÃO | 41

RENOVAÇÃO CELULAR

Quando células jovens ficam doentes ou danificadas, elas são naturalmente eliminadas do corpo por um processo chamado apoptose (morte celular programada). Entretanto, células senescentes (velhas, em decomposição) não são eliminadas. Com a idade, elas se acumulam, e nos locais de problemas crônicos, causando danos. Os pesquisadores testaram drogas chamadas de senolíticas – que eliminam células senescentes e induzem a apoptose – para tratar a artrite e várias outras doenças inflamatórias.

CÉLULAS DE TECIDO SAUDÁVEIS

CÉLULAS SENESCENTES

Enterro e plantio
O corpo é colocado numa cápsula biodegradável e enterrado bem fundo no solo. Uma árvore é plantada no solo acima da cápsula.

Decomposição
Ao longo de alguns meses, a cápsula se rompe e permite que a matéria orgânica de dentro se transforme em nutrientes minerais que promovem o crescimento de plantas.

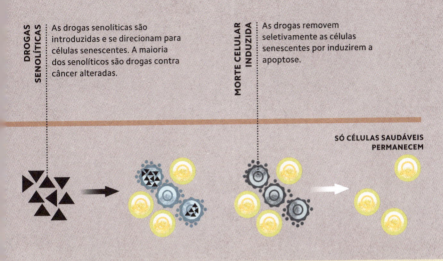

DROGAS SENOLÍTICAS
As drogas senolíticas são introduzidas e se direcionam para células senescentes. A maioria dos senolíticos são drogas contra câncer alteradas.

MORTE CELULAR INDUZIDA
As drogas removem seletivamente as células senescentes por induzirem a apoptose.

SÓ CÉLULAS SAUDÁVEIS PERMANECEM

DESPEDIDAS ECOLÓGICAS

As cápsulas funerárias biodegradáveis oferecem uma opção de enterro ecologicamente correta. Feitas de bioplásticos à base de amido, elas são plantadas embaixo de uma árvore, muda ou semente. Quando as cápsulas se rompem, elas liberam matéria orgânica que se transforma em minerais que ajudam a alimentar a árvore. Outras práticas funerárias sustentáveis são a aquamação (liquefação em solução alcalina), a compostagem humana e o caixão de fungos.

Nova vida
Os nutrientes da cápsula e seu conteúdo são absorvidos pelo solo e alimentam a árvore em crescimento.

FUNERAIS SUSTENTÁVEIS | 43

ALIMEN
E
AGRICU

TAÇÃO

LTURA

Os fazendeiros de hoje enfrentam dois desafios conflitantes: alimentar uma população global em crescimento e reduzir as emissões dos gases do efeito estufa. As novas tecnologias podem ajudar em ambos, principalmente em relação ao aproveitamento de recursos de forma mais eficiente. Entre as alternativas estão plantar em "fazendas verticais" cobertas, usar dados coletados em tempo real nas fazendas e implantar máquinas agrícolas com propósitos múltiplos. A engenharia genética pode ter um grande papel na adaptação de culturas de cereais para crescerem em condições adversas. Ao mesmo tempo, são grandes os esforços em andamento para desenvolver alimentos mais sustentáveis, como microalgas, carne desenvolvida em laboratório e refeições impressas em 3D.

PLANTAÇÕES NO CÉU

O uso responsável do solo é um elemento importante para mitigar as mudanças climáticas, proteger a natureza e apoiar comunidades. A agricultura vertical tem como objetivo minimizar a área necessária para a lavoura ao empilhar culturas em camadas em ambiente fechado, como em estufas, armazéns ou antigas minas. As plantações recebem condições ideias para crescimento, com luz e temperatura cuidadosamente controladas. Entretanto, os custos com energia da agricultura vertical ainda são altos, inviabilizando o método em comparação à agricultura tradicional.

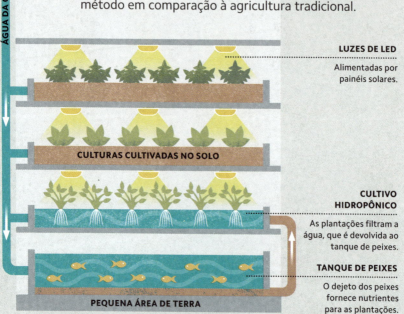

46 | AGRICULTURA VERTICAL

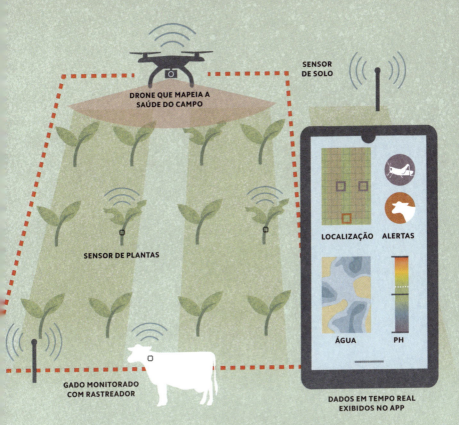

A INTERNET DAS PLANTAÇÕES

A agropecuária de precisão usa tecnologia para monitorar as condições em uma fazenda para melhorar a eficiência e fornecer dados para tomar decisões. Dispositivos como monitores de solo, monitores de plantas, alarmes de gado e drones de vigilância transmitem informações de forma contínua para análise. Nas fazendas com mais avanço tecnológico, isso pode envolver o disparo de respostas automatizadas. Essa abordagem objetiva usar os recursos (como grãos, fertilizantes, água e terras) da forma mais eficiente possível. Os defensores da agricultura de precisão argumentam que uma transição para esse método de cultivo é necessária para suprir uma população crescente sem causar danos irreversíveis à natureza.

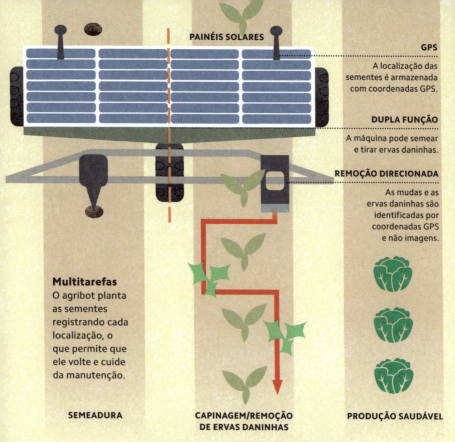

TRABALHADORES AGRÍCOLAS ROBÔS

Os avanços em robótica, visão de computador e áreas afins indicam que um número crescente de tarefas agrícolas repetitivas e árduas podem ser delegadas a máquinas autônomas. Esses dispositivos podem arar, plantar sementes, arrancar ervas daninhas, aplicar água e fertilizante e colher safras com mínima ou nenhuma supervisão humana. Por exemplo, um robô pode armazenar a localização das sementes que planta usando GPS, e, ao voltar para o mesmo local, ele pode arrancar ervas daninhas ou aplicar pesticidas com precisão, sem atingir as plantas mais novas. Esse processo é mais barato e mais ecologicamente correto do que pulverizar pesticidas.

FERTILIZANTES EMBUTIDOS

Um dos nutrientes principais para o crescimento das plantas é o nitrogênio. Os fertilizantes artificiais de nitrogênio são importantes para aumentar a produção de alimentos e acompanhar o crescimento da população mundial. Entretanto, seu processo de produção necessita de muita energia e costuma exigir combustíveis fósseis, que estão ligados ao dano ambiental, assim como a poluição de água. É urgente encontrar alternativas sustentáveis. Uma abordagem inovadora é usar engenharia genética (ver p. 34) para dar à cultura de cereal a capacidade (no momento basicamente limitada a micro-organismos) de fixar nitrogênio – ou seja, converter nitrogênio atmosférico em compostos úteis de nitrogênio.

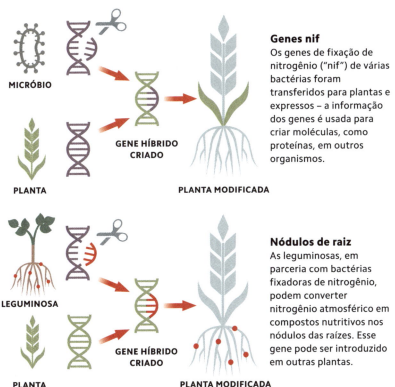

Genes nif
Os genes de fixação de nitrogênio ("nif") de várias bactérias foram transferidos para plantas e expressos – a informação dos genes é usada para criar moléculas, como proteínas, em outros organismos.

Nódulos de raiz
As leguminosas, em parceria com bactérias fixadoras de nitrogênio, podem converter nitrogênio atmosférico em compostos nutritivos nos nódulos das raízes. Esse gene pode ser introduzido em outras plantas.

FIXAÇÃO DE NITROGÊNIO | 49

"CONTINUE VERDE"
Um gene de plantas resistentes à seca as ajuda a ficarem verdes por mais tempo. Isso prolonga a temporada da colheita, o que leva a uma produção maior.

COBERTURA DE CERA
Plantas com mais cera protetora têm mais chance de sobreviver a secas e aos efeitos danosos da luz UV e do frio rigoroso.

Plantações transgênicas
Ao transferir genes associados à tolerância à seca para plantações de cereais como milho (figura), a resistência da planta à seca seria aumentada.

FLORESCIMENTO PRECOCE
As plantas podem limitar os danos do clima extremo florescendo precocemente.

ESTÔMATOS ATIVOS
O milho transgênico com estômatos (poros que podem se fechar para controlar a perda de água) mais ativos é mais tolerante à seca.

PODER DAS FLORES
Transferir uma característica floral ao milho afeta a forma como ele usa o carbono, o que altera o padrão de crescimento e leva a uma produção maior.

ARQUITETURA DA RAIZ
A manipulação de genes pode melhorar o crescimento de raízes nas secas, permitindo à planta procurar novas fontes de água.

QUE SECA?

Muitos eventos climáticos extremos, como a seca, estão se tornando cada vez mais frequentes e severos e podem destruir plantações. Num esforço de melhorar a produção nessas condições difíceis, os cientistas estão estudando as propriedades de plantas naturalmente resistentes à seca com o objetivo de desenvolver versões mais resilientes de alimentos básicos como trigo, arroz e milho.

50 | PLANTAÇÕES RESISTENTES À SECA

Nanopartículas
Elas podem ser borrifadas nas plantações ou adicionadas ao solo para aliviar o estresse salino.

ALGODOEIRO

NANOPARTÍCULAS ADICIONADAS AO SOLO

Aumenta a clorofila e promove a fotossíntese eficiente.

Melhora a atividade das enzimas (proteínas que aceleram reações químicas) que ajudam na germinação das sementes.

Melhora a capacidade das células de reter potássio, um nutriente essencial.

Potencializa moléculas antioxidantes para neutralizar radicais livres (átomos instáveis que prejudicam as células).

Ajuda a prevenir o acúmulo de sal nas folhas em condições de estresse salino.

Ajuda a manter a homeostase (estabilidade e autorregulação) para promover o crescimento da planta.

A SOLUÇÃO SALINA

Fatores como o nível do mar em elevação levaram a um aumento rápido na quantidade de terras afetadas pela salinidade (presença de sal). Isso pode causar estresse salino nas plantações, o que reduz a produção e ameaça o fornecimento de alimentos. A nanotecnologia e a engenharia genética podem ajudar as plantações a tolerarem a salinidade. Os cientistas usaram nanotecnologia para criar nanopartículas biocompatíveis (ver p. 10) que podem incrementar a absorção de nutrientes e o equilíbrio de água, dentre outras medidas de defesa. Nanopartículas de quitosana (um açúcar) podem, por exemplo, melhorar a eficiência da água usada no milho, reduzindo o acúmulo de sal na planta.

PLANTAÇÕES RESISTENTES AO SAL | 51

ALGACULTURA

As microalgas (organismos unicelulares aquáticos) são um recurso natural que tem sido mal aproveitado. Ricas em nutrientes e com crescimento rápido, elas podem ser usadas como ingredientes de suplementos alimentares para humanos e ração de gado, combustível, fertilizante e fármacos. No entanto, os custos de seu cultivo para a colheita são muito caros. O desafio é cultivar microalgas de um jeito economicamente viável.

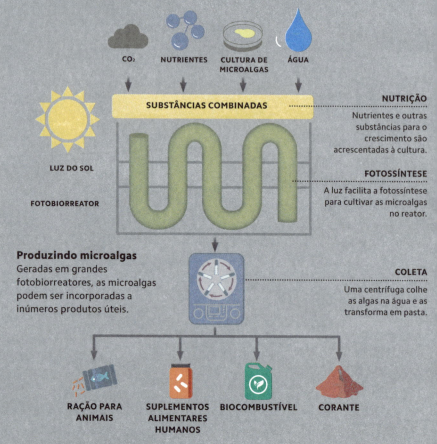

52 | CULTIVO DE MICROALGAS

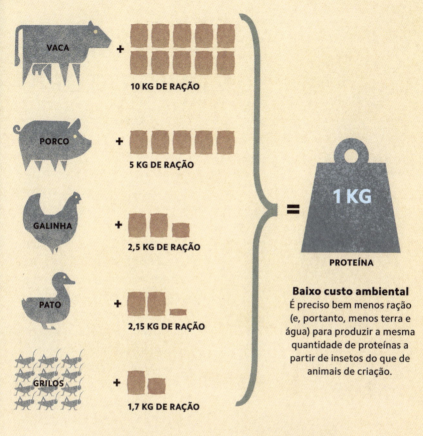

GRILO À MILANESA?

Bilhões de pessoas consomem insetos diariamente. As emissões de gases de efeito estufa e a ampla necessidade de terras para a pecuária estão ampliando o apelo culinário dos insetos em regiões que não têm essa tradição. Os grilos, por exemplo, são altamente nutritivos: alguns contêm mais proteína por grama do que as carnes de vaca, de porco ou de frango. Os grilos podem ser comidos inteiros ou pulverizados em um pó para fazer a "farinha de grilo", barrinhas de proteína ou hambúrgueres.

CARNE DE LABORATÓRIO

As preocupações com o bem-estar ambiental e animal estão fazendo muitas pessoas considerarem a redução ou a substituição da carne na alimentação. A carne cultivada, que usa engenharia de tecidos (ver p. 38) para cultivar células animais fora de um animal vivo oferece a possibilidade de se continuar a comer carne sem essas preocupações. As células coletadas de um animal são transformadas em tecido num biorreator, depois colhidas e preparadas em vários produtos.

CÉLULAS COLHIDAS DE ANIMAIS VIVOS

ADIÇÃO DE FATORES DE CRESCIMENTO

BIORREATOR

Células crescem em volta de um scaffold feito de biomaterial comestível, como fungos ou gelatina.

SCAFFOLD

TECIDO MUSCULAR REAL PRODUZIDO

PRODUTO NÃO ESTRUTURADO, COMO HAMBÚRGUER OU SALSICHA

PRODUTO ESTRUTURADO, COMO BIFE

PULVERIZADO PARA A PRODUÇÃO DE ALIMENTOS IMPRESSOS EM 3D

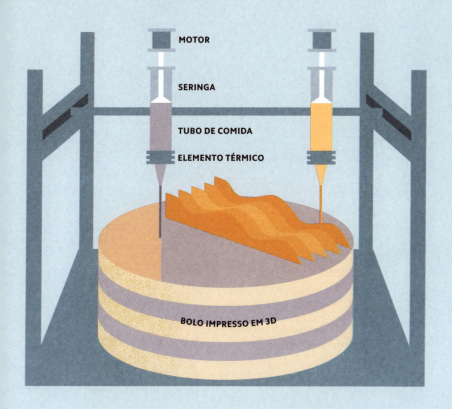

CULINÁRIA IMPRESSA

Todos os tipos de materiais podem ser usados na manufatura aditiva (ver p. 22), inclusive alguns alimentos. As impressoras 3D convencionais podem ser adaptadas para liberar chocolate derretido, cobertura, massa, purê de batata, carne cultivada e outros produtos em forma de pasta, seguindo um design digital com um ou mais ingredientes. Muitas vezes, a comida é aquecida na máquina para amolecer e depois resfriada enquanto é distribuída na cama de impressão. Esse processo permite um controle preciso da estrutura e do conteúdo nutricional do produto final, com aplicações potenciais para a saúde e exploração espacial tripulada.

TRANSP

Um quinto das emissões globais de CO_2 é causado pelo transporte, e há um enorme esforço em andamento para tornar esse setor mais verde. O objetivo é ter menos veículos que queimam combustíveis fósseis e mais veículos movidos a eletricidade ou combustíveis sustentáveis. Esse impulso para a sustentabilidade também inclui o uso de tecnologia para conectar pessoas e meios de transporte, o que permite uma utilização mais eficiente de veículos, combustíveis e infraestrutura, além de estimular a redução da posse desnecessária de veículos. Os veículos estão se tornando mais inteligentes: coletando, analisando e compartilhando dados para tornar as viagens mais rápidas e seguras. Carros autônomos estão aparecendo nas ruas, enquanto drones aéreos e submarinos fazem cada vez mais tarefas.

CARREGAMENTO MAIS RÁPIDO

Pontos de carregamento rápido possibilitam paradas mais curtas em viagens. O carregamento sem fio por indução eletromagnética significa que os carros podem ser carregados enquanto estão parados no trânsito, ou mesmo em movimento.

BATERIAS TURBINADAS

MAIS LEVES

Baterias mais leves podem ajudar a melhorar a autonomia e a responsividade do veículo. A integração da bateria à estrutura do carro elétrico e o uso de materiais leves na carroceria reduzem o peso total do veículo.

MAIS EFICIENTES

Baterias de estado sólido, uma alternativa às baterias de lítio, podem ser mais seguras, duráveis e rápidas de carregar.

MAIS FORÇA

Os motores de fluxo axial (motores elétricos compactos) são menores, mais leves e eficientes do que os motores convencionais.

CARROS NA TOMADA

Carros movidos a combustíveis fósseis poluentes estão sendo descontinuados em muitos mercados, pressionando os fabricantes de veículos a oferecerem veículos elétricos práticos, acessíveis e atraentes. São muitos os desafios para produzir veículos elétricos que possam competir com os convencionais. O principal deles é que os combustíveis fósseis são bem mais densos em energia (ou seja, oferecem mais energia em relação ao volume) do que a melhor das baterias de lítio. A indústria automobilística está trabalhando para otimizar os carros elétricos e garantir que funcionem tão bem quanto os carros movidos a combustíveis fósseis.

ERA SOL QUE ME FALTAVA

Os veículos solares – que podem ser carros, ônibus, trens, aeronaves, veículos espaciais e barcos – são veículos elétricos abastecidos por energia solar. Os veículos terrestres desse tipo costumam ter painéis solares no teto que convertem a energia solar em energia elétrica para propulsão e recursos auxiliares, como comunicação. Obter energia suficiente para abastecer um veículo solar é um desafio enorme. A maioria ainda está em fase de pesquisa e desenvolvimento, embora vários barcos solares já estejam disponíveis no mercado.

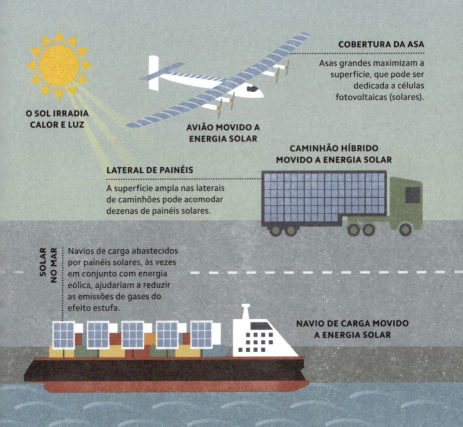

TRANSPORTE COM ENERGIA SOLAR | 59

VOAR SEM CULPA

Desenvolver alternativas sustentáveis para o combustível de aviação é um grande obstáculo do setor aéreo. Apesar de ser relativamente barato e ter alta densidade energética, o combustível de aviação à base de querosene é obtido do petróleo. Os combustíveis sustentáveis de aviação (SAFs) misturam querosene a outros combustíveis quimicamente similares, mas feitos de fontes e processos sustentáveis. A esperança é reduzir o querosene nos SAFs e conseguir abastecer uma aeronave grande com eletricidade ou combustíveis renováveis com zero carbono como "querosene sintético" derivado de hidrogênio verde.

ELETRICIDADE

HIDROGÊNIO VERDE/QUEROSENE SINTÉTICO

ALGAS E PLANTAS RICAS EM LIPÍDIOS (ÓLEOS E GORDURAS)

LIXO MUNICIPAL

RESÍDUOS DE PLANTAS

Resíduos agrícolas que são gerados como subproduto de engenharia florestal.

ÓLEO DE COZINHA USADO

GASES DE SUBPRODUTO DE MANUFATURAS

COMBUSTÍVEIS FÓSSEIS

Essas fontes de energia não são renováveis e danificam o meio-ambiente.

COMBUSTÍVEIS FÓSSEIS E SAFS

BIO-ÓLEO DE PLANTAS

60 | COMBUSTÍVEL SUSTENTÁVEL DE AVIAÇÃO

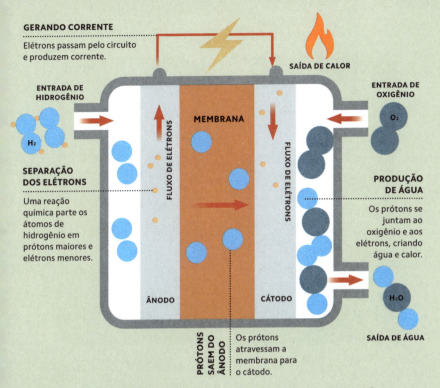

ALIMENTADO POR HIDROGÊNIO

Células de combustível usam reações químicas para converter a energia química de um combustível em energia elétrica. As células de combustível de hidrogênio podem ter um papel fundamental num futuro com zero emissões líquidas de carbono, por exemplo, como alternativa aos motores a combustão. Nesse tipo de célula de combustível, os átomos de hidrogênio entram no ânodo (eletrodo negativo) e perdem seus elétrons, que fluem por um circuito, produzindo uma corrente elétrica, até o cátodo (eletrodo positivo). Os prótons que ficam para trás passam por uma membrana para o cátodo e se juntam ao oxigênio para produzir água e calor. As células de combustível de hidrogênio são eficientes e versáteis, com aplicações possíveis em transportes e redes elétricas. Entretanto, o custo alto e a falta de infraestrutura de hidrogênio impedem sua adoção.

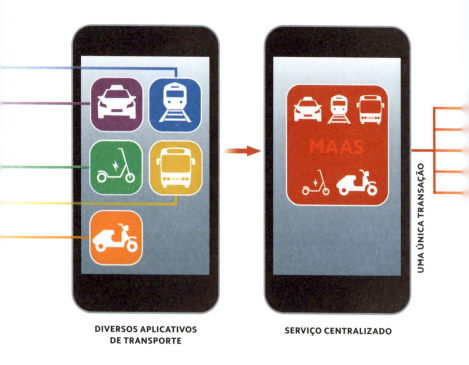

DIVERSOS APLICATIVOS DE TRANSPORTE — **SERVIÇO CENTRALIZADO** — UMA ÚNICA TRANSAÇÃO

NÃO TENHA, USE

A mobilidade como serviço (MaaS) substitui o modelo tradicional de veículos particulares por um modelo mais eficiente no qual as pessoas pagam para usar os serviços de transporte necessários para completar uma jornada. O MaaS junta serviços públicos e particulares que podem ser planejados, reservados e pagos usando um único aplicativo. Os usuários podem pagar por trajetos individuais ou optar por uma assinatura mensal de serviços de transporte dentro de uma certa área.

MOBILIDADE COMO SERVIÇO (MAAS)

VEÍCULOS ROBÓTICOS

Todos os tipos de veículos podem ser equipados com capacidade de condução autônoma, de caminhões de transporte de longas distâncias a caça-minas não tripulados e aviões que pousam sozinhos. Esses veículos têm vários graus de autonomia, desde assistência limitada ao motorista (como controle de direção ou velocidade) até operar sem nenhuma participação humana. A tecnologia de IA analisa dados em tempo real coletados de sensores no veículo e os usa para reagir ao ambiente em constante mudança, freando, por exemplo, quando um pedestre pisa na rua.

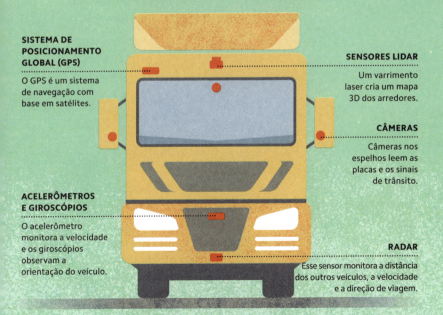

Caminhão autônomo
Alguns países têm escassez de motoristas de caminhão. Isso gerou um interesse crescente na automação (ou automação parcial).

SISTEMA DE POSICIONAMENTO GLOBAL (GPS)
O GPS é um sistema de navegação com base em satélites.

SENSORES LIDAR
Um varrimento laser cria um mapa 3D dos arredores.

CÂMERAS
Câmeras nos espelhos leem as placas e os sinais de trânsito.

ACELERÔMETROS E GIROSCÓPIOS
O acelerômetro monitora a velocidade e os giroscópios observam a orientação do veículo.

RADAR
Esse sensor monitora a distância dos outros veículos, a velocidade e a direção de viagem.

O BONDE TÁ PASSANDO

O *platooning* (formação de comboios) é quando um grupo de veículos é conduzido ao mesmo tempo, normalmente pelo operador do veículo na frente do comboio. Isso faz com que os veículos coordenem aceleração e frenagem, mantendo distância fixa uns dos outros, o que melhora o desempenho na estrada e reduz o risco de acidentes. No futuro, carros conectados (ver abaixo) poderão ter a opção de entrar e sair automaticamente desses comboios.

ENTRANDO NUM COMBOIO
Um carro entra no grupo e sinaliza seu destino. O caminhão líder assume o sistema do carro.

CARRO SINALIZA SEU DESTINO

CARRO SE PREPARA PARA SAIR DO COMBOIO

> "A tecnologia pode detectar uma colisão em potencial antes que o motorista veja a ameaça."
> Los Angeles Times

COORDENAÇÃO
Os carros podem continuar usando as duas faixas porque eles vão coordenar os movimentos quando chegarem à obstrução.

DESACELERAÇÃO
O carro sabe do veículo quebrado e desacelera.

64 | COMBOIOS

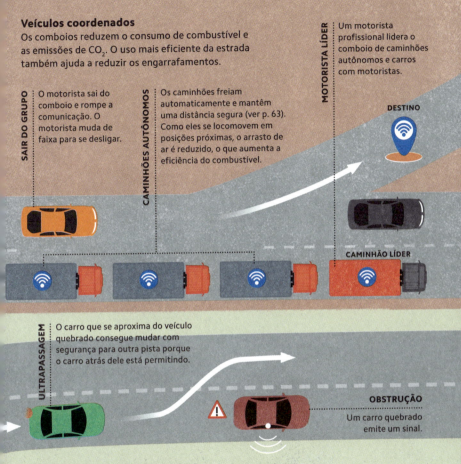

FOFOCARROS

Conforme mais carros entram na Internet das Coisas (ver p. 96), há probabilidade de haver um crescimento nos dados trocados entre eles. Isso é conhecido como comunicação veículo a veículo (V2V). Os carros podem transmitir dados sobre velocidade e direção e compartilhar alertas uns com os outros sobre veículos quebrados ou condições climáticas perigosas, e assim aumentar a segurança nas estradas e reduzir congestionamentos.

VEÍCULOS CONECTADOS | 65

TÃO RÁPIDO QUANTO UM AVIÃO?

Há iniciativas para projetar e construir redes ferroviárias que permitam trens de alta velocidade, normalmente para unir cidades grandes. Os trens mais velozes viajam a centenas de quilômetros por hora, possivelmente se igualando à aviação em relação a tempo de viagem e conveniência. Vários métodos foram propostos para torná-los ainda mais rápidos. Um deles é a passagem dos trens por grandes tubos a vácuo, minimizando o arrasto de ar e permitindo que eles alcancem velocidades supersônicas com relativamente pouca energia.

CÁPSULA
Cada trem é formado por várias cápsulas individuais pressurizadas.

VENTILADOR COMPRESSOR
O ventilador transfere ar com alta pressão da frente para a traseira, o que cria uma almofada de ar.

TUBO DE VÁCUO
Quase todo o ar é removido do tubo selado para criar um quase vácuo, o que reduz o arrasto.

IMÃS
Levitando por ímãs, a cápsula flutua no ar, sem gerar atrito.

CAMPO MAGNÉTICO
O campo magnético impulsiona o trem para a frente.

66 | TREM DE ALTA VELOCIDADE

SEU PEDIDO CHEGOU

No mundo todo, drones já estão sendo usados para entregar mercadorias. Eles são particularmente ideais para entregas pequenas e urgentes de suprimentos médicos, pois não correm o risco de ficarem presos no trânsito ou em condições adversas de estradas. Mas eles também estão sendo cada vez mais utilizados para entregas do dia a dia. Usar frotas de drones de centros de distribuição locais para executar o estágio final do processo de uma entrega (conhecido como "last mile") pode reduzir os custos e as emissões que o transporte e a distribuição de produtos geram.

Última etapa de entregas
A "last mile", que hoje em dia compõe metade do custo total de distribuição, pode ser executada por drones de entrega.

GPS, SONAR OU SISTEMAS SIMILARES
Drones autônomos de entrega possuem navegação por satélite e um conjunto de sensores (como câmeras) para viabilizar a chegada segura ao destino.

ENTREGA
O drone pousa com o pacote ou o solta com um paraquedas de alturas de 60 a 120 metros, monitorando a descida.

FROTA DE DRONES LIBERADA

POUSO SEGURO
Os clientes concordam em receber suas compras entregues por drones, que normalmente as deixam no quintal de suas casas.

DRONES ENTREGADORES

VOO DE TÁXI, CÊ SABE

O interesse no conceito de táxis voadores (ou "táxis aéreos") tem aumentado, e não só por que aliviariam congestionamentos. Dezenas de empresas estão desenvolvendo versões elétricas – basicamente drones maiores com capacidade para carregar passageiros – que são mais silenciosas e menos poluidoras do que helicópteros. Como podem decolar e pousar verticalmente, eles serviriam bem a ambientes urbanos densos. Os obstáculos técnicos e regulatórios ainda precisam ser superados, como o desenvolvimento de baterias mais baratas e mais leves e mecanismos que garantam a segurança no espaço aéreo urbano.

PRONTO PARA (RE)LANÇAR

Os foguetes sempre foram veículos extremamente caros, construídos e usados para apenas um lançamento. Mas os foguetes reutilizáveis têm partes (como motores e propulsores auxiliares) que podem ser recuperadas, reformadas e relançadas. Isso barateia o envio de passageiros e carga para a órbita. Foguetes recicláveis e outros veículos de lançamento reutilizáveis têm um papel importante para dar início à "Nova Era Espacial", na qual o transporte espacial ficará cada vez mais acessível e comercial em vez de ser viável só para algumas agências governamentais.

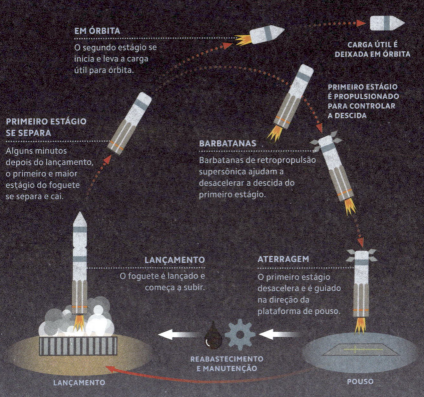

EM ÓRBITA
O segundo estágio se inicia e leva a carga útil para órbita.

CARGA ÚTIL É DEIXADA EM ÓRBITA

PRIMEIRO ESTÁGIO É PROPULSIONADO PARA CONTROLAR A DESCIDA

PRIMEIRO ESTÁGIO SE SEPARA
Alguns minutos depois do lançamento, o primeiro e maior estágio do foguete se separa e cai.

BARBATANAS
Barbatanas de retropropulsão supersônica ajudam a desacelerar a descida do primeiro estágio.

LANÇAMENTO
O foguete é lançado e começa a subir.

ATERRAGEM
O primeiro estágio desacelera e é guiado na direção da plataforma de pouso.

REABASTECIMENTO E MANUTENÇÃO

LANÇAMENTO

POUSO

FOGUETES REUTILIZÁVEIS | 69

CAPACIDADE DE NAVE ESPACIAL

O avião espacial Radian One seria capaz de passar dias em órbita antes de pousar como um avião em uma pista.

AVIÕES ESPACIAIS

Os aviões espaciais podem voar e planar como uma aeronave na atmosfera da Terra e também manobrar além dela, como uma espaçonave. O avião espacial mais famoso, o Ônibus Espacial da NASA, entrou em órbita com uma tripulação e ajudou na construção da Estação Espacial Internacional. Até hoje, todos os aviões espaciais orbitais foram lançados verticalmente em um foguete separado. Estão sendo desenvolvidos outros modelos, como o Radian One, que pretende decolar na horizontal; e o X37B, um modelo pequeno e não tripulado que fica dentro de um foguete de lançamento vertical. Ambos pousariam em uma pista de aeroporto.

TRENÓ DE LANÇAMENTO

O avião espacial Radian One seria lançado por um trenó movido a foguete sobre trilhos, para conservar combustível.

X37B

Esse veículo é lançado verticalmente com um foguete, mas pode pousar numa pista.

70 | HÍBRIDOS DE AVIÃO E NAVE ESPACIAL

AUTÔMATOS DEBAIXO DA ÁGUA

Submarinos autônomos – robôs que se deslocam embaixo da água sem supervisão humana constante – há muito tempo já são de grande utilidade para busca e resgate, exploração de petróleo, pesquisa científica e atividades de defesa. Agora, as agências de defesa estão estimulando o desenvolvimento de veículos maiores, mais resistentes e mais sofisticados que podem ter papel fundamental no futuro das guerras. Esses submarinos poderiam transportar cargas úteis mais pesadas (inclusive torpedos e mísseis), mergulhar mais fundo e funcionar por meses a fio, assumindo tarefas que antes precisavam da presença de uma tripulação.

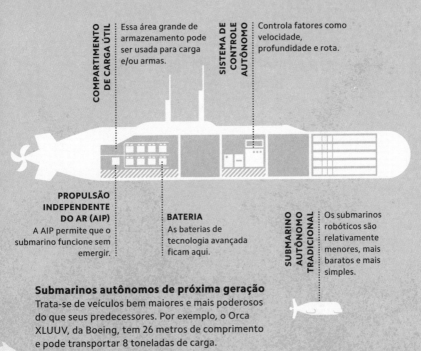

COMPARTIMENTO DE CARGA ÚTIL
Essa área grande de armazenamento pode ser usada para carga e/ou armas.

SISTEMA DE CONTROLE AUTÔNOMO
Controla fatores como velocidade, profundidade e rota.

PROPULSÃO INDEPENDENTE DO AR (AIP)
A AIP permite que o submarino funcione sem emergir.

BATERIA
As baterias de tecnologia avançada ficam aqui.

SUBMARINO AUTÔNOMO TRADICIONAL
Os submarinos robóticos são relativamente menores, mais baratos e mais simples.

Submarinos autônomos de próxima geração
Trata-se de veículos bem maiores e mais poderosos do que seus predecessores. Por exemplo, o Orca XLUUV, da Boeing, tem 26 metros de comprimento e pode transportar 8 toneladas de carga.

SUBMARINOS AUTÔNOMOS | 71

TECNOL
DA
INFORM

O futuro da computação vai além de hardwares mais poderosos. A computação "sem servidor" marca uma mudança para longe de sistemas de TI centralizados e inflexíveis, e mais tarefas estão sendo automatizadas com a prevalência da inteligência artificial. Computadores tradicionais ou "clássicos", baseados em silício, dificilmente serão descartados, mas podem em breve conter hardware que ajude a atender a uma demanda de recursos de computação, como computadores ópticos, que rodam um milhão de vezes mais rápido, ou armazenamento de DNA, que guarda dados por bilhões de anos. Enquanto isso, a tecnologia quântica está abrindo espaço para criptografia inquebrável, sensores ultraprecisos e computadores que poderão resolver problemas "impossíveis".

EMULANDO O CÉREBRO

A inteligência artificial (IA) é a capacidade das máquinas de simularem inteligência. A IA pode ser usada para executar tarefas que exigem intelecto humano, como tomar decisões, traduzir e reconhecer imagens. Hoje em dia, a IA é dominada por aprendizado de máquina (ver a página seguinte) – uma abordagem que ajuda os computadores

ENTRADA

SAÍDA

Rede neural humana
A informação é processada de neurônio a neurônio no cérebro.

Modelando um cérebro
Como o cérebro humano, as redes neurais artificiais podem ser treinadas para processar a entrada e gerar a saída quando tiverem exemplos de uma tarefa ou assunto. Por exemplo, a IA pode reconhecer a imagem de um cachorro e emitir como saída a palavra "cachorro".

a "aprender" como executar tarefas sem programá-los especificamente para isso. A imensa quantidade de dados disponíveis e a capacidade computacional disponível para treinamento permitiu que a IA desse grandes passos nos últimos anos (ver p. 76-77).

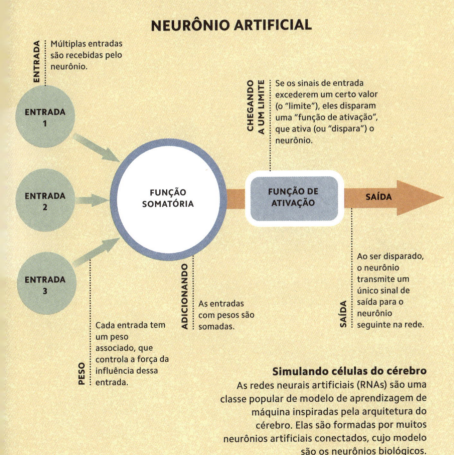

Simulando células do cérebro

As redes neurais artificiais (RNAs) são uma classe popular de modelo de aprendizagem de máquina inspiradas pela arquitetura do cérebro. Elas são formadas por muitos neurônios artificiais conectados, cujo modelo são os neurônios biológicos.

INTELIGÊNCIA ARTIFICIAL | 75

IA EM TODA PARTE

Quando recebem uma quantidade e qualidade suficientes de dados de treinamento, é possível ensinar às redes neurais artificiais (RNAs) e a outros modelos de IA a executar certas tarefas tão bem (ou até melhor) quanto humanos. Esses modelos são tão predominantes que a maioria das pessoas com acesso a computadores os usa todos os dias sem perceber – quando usa um mecanismo de busca, por exemplo. Embora a IA seja uma tecnologia de propósito geral com muitos usos mundanos, novas aplicações estão sendo descobertas o tempo todo. Por exemplo, em 2021 foi revelado que uma RNA chamada AlphaFold era capaz de prever as estruturas em 3D de quase todas as proteínas conhecidas.

A arquitetura das RNAs
As RNAs são compostas de neurônios artificiais organizados em múltiplas camadas. Os sinais começam na camada de entrada e viajam pelas camadas "ocultas" até a camada de saída.

A primeira camada de neurônios artificiais é conhecida como camada de entrada. É aqui que os dados são recebidos.

PESQUISA

DIAGNÓSTICO MONITORAMEN DE SAÚDE

MANUTENÇÃO PREDITIVA

FEED PERSONALIZAD

76 | CÉREBROS ARTIFICIAIS

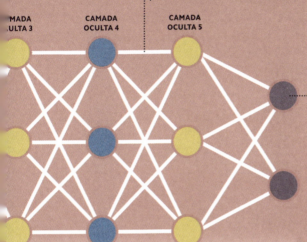

CAMADAS OCULTAS
Cada camada "oculta" consiste em neurônios conectados que recebem dados, os processam e os enviam para a camada seguinte. Múltiplas camadas ocultas permitem que as RNAs aprendam relações complexas nos dados. Modelos de aprendizagem profunda usam muitas camadas ocultas.

CAMADA OCULTA 3

CAMADA OCULTA 4

CAMADA OCULTA 5

CAMADA DE SAÍDA
Transformados pela passagem por camadas de neurônios, os dados processados por fim chegam à camada de saída, onde os resultados úteis são gerados.

USOS DA IA

ROBÔS COM IA

ASSISTENTES VIRTUAIS

MÍDIA SINTÉTICA

VEÍCULOS AUTÔNOMOS

CONHECIMENTO FACIAL

NEGOCIAÇÃO DE AÇÕES

DETECÇÃO DE AMEAÇAS

ARMAS AUTÔNOMAS

CÉREBROS ARTIFICIAIS | 77

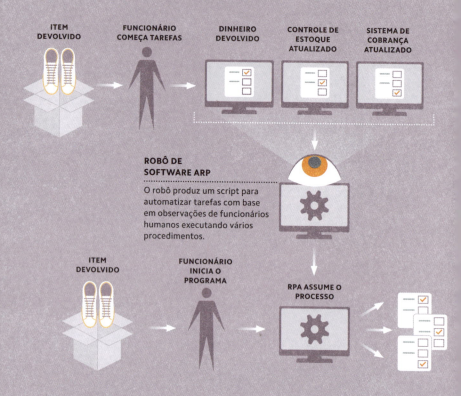

ROBÔS DE ESCRITÓRIO

A mecanização de tarefas repetitivas de computador, como mover arquivos e inserir dados, é conhecida como automação robótica de processos (ARP). "Robôs" de software imitam as interações de trabalhadores humanos com vários sistemas de computador, usando um script gerado a partir de observações dos procedimentos. Os robôs executam essas tarefas mais rápido e de forma mais confiável do que pessoas e não precisam de descanso. Automatizar atividades mundanas libera os trabalhadores humanos, para que eles se concentrem em tarefas mais complexas.

CRIAÇÃO ACESSÍVEL DE APLICATIVOS

CODIFICAÇÃO TRADICIONAL

Um engenheiro de software escreve todo o código de um aplicativo.

BAIXO CÓDIGO

Os usuários escrevem um pouco de código, mas também usam ferramentas visuais (como menus de arrastar e soltar).

SEM CÓDIGO

Os usuários constroem aplicativos simples contando apenas com ferramentas visuais, sem escrever código algum.

Plataformas de desenvolvimento de baixo código ou sem código permitem que pessoas sem experiência extensa em programação de computadores criem aplicativos. Cada método oferece ferramentas visuais intuitivas para gerar códigos. O *low code* simplifica o desenvolvimento, mas os usuários ainda precisam de habilidades básicas de programação; já no método *no code*, os usuários não precisam escrever os códigos. Essas abordagens podem ajudar a atender à demanda de desenvolvedores. Entretanto, uma limitação é que elas podem ser inflexíveis para executar muitas tarefas complexas, portanto essas plataformas não vão substituir o desenvolvimento tradicional de aplicativos.

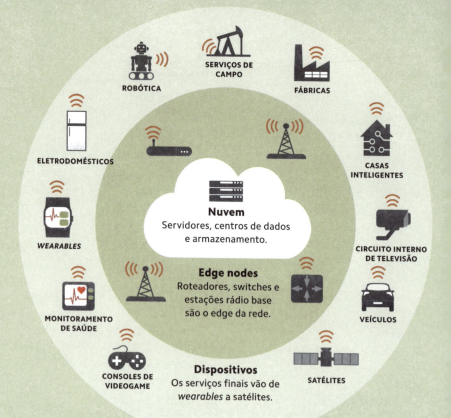

COMPUTAÇÃO EM TUDO

A computação edge envolve armazenar e processar dados perto do local em que eles são gerados – no dispositivo em si ou num "edge node" local. Isso libera banda ao limitar a quantidade de dados que viaja de e para os grandes centros de dados. Também permite que dados sejam processados em velocidades e volumes maiores, o que reduz a latência (atrasos na transferência de dados). Isso é crítico para muitos aplicativos da Internet das Coisas (ver p. 96). Por exemplo, os carros autônomos precisam reagir o mais rápido possível ao entorno, pois uma demora aumenta o risco de acidentes perigosos.

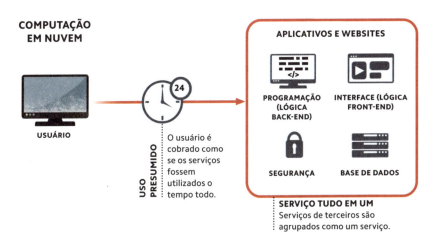

SERVIDORES COM PAGAMENTO SOB DEMANDA

Na computação em nuvem, os usuários acessam recursos remotos em um servidor que pertence ao provedor do serviço de nuvem. Entre os serviços está o código que permite que um programa ou aplicativo opere (lógica back-end), que funciona em paralelo à interface visual na tela do computador do usuário (lógica front-end). Já na computação sem servidor, o provedor aloca serviços sob demanda. Em vez de pagar um valor fixo por um pacote de recursos, sem importar o quanto eles são utilizados, o usuário paga só pelo uso real, o que permite o trato mais eficiente de recursos limitados de computação.

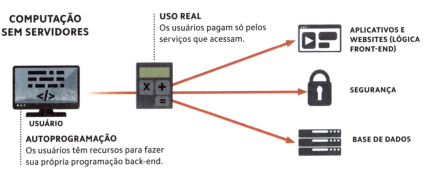

COMPUTAÇÃO COM LUZ

A computação óptica usa luz para executar operações. Muitos cientistas a consideram uma alternativa promissora à computação convencional, principalmente porque usar fótons em vez de elétrons para transmitir dados pode permitir uma largura de banda bem maior: múltiplos fluxos de dados podem ser processados ao mesmo tempo, usando frequências diferentes de luz. Em teoria, os computadores ópticos podem funcionar até um milhão de vezes mais rápido do que os eletrônicos. Entretanto, ainda não está claro se a computação óptica poderá competir com a tecnologia convencional em usos práticos.

DE COMPUTAÇÃO MECÂNICA A ÓPTICA

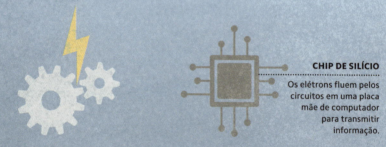

CHIP DE SILÍCIO
Os elétrons fluem pelos circuitos em uma placa mãe de computador para transmitir informação.

Computação eletromecânica
Até a década de 1940, os primeiros computadores movidos a eletricidade não usavam transistores e outros hardwares como os de hoje, mas foram construídos com interruptores, rodas e relés.

Computação eletrônica
Os computadores eletrônicos são a tecnologia dominante na atualidade. Para processar informação, eles executam cálculos usando elétrons na forma de uma corrente elétrica que flui pelos circuitos.

> "[A tecnologia óptica] tem o potencial de mudar o jeito como pensamos a computação."
> Kerem Güllen, jornalista

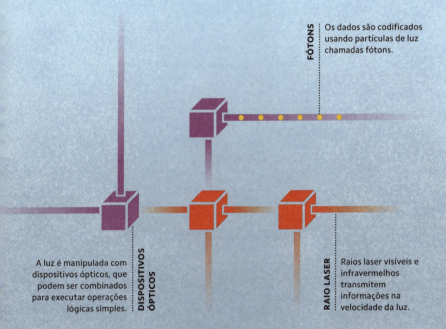

FÓTONS — Os dados são codificados usando partículas de luz chamadas fótons.

DISPOSITIVOS ÓPTICOS — A luz é manipulada com dispositivos ópticos, que podem ser combinados para executar operações lógicas simples.

RAIO LASER — Raios laser visíveis e infravermelhos transmitem informações na velocidade da luz.

Computação óptica
Os computadores ópticos possuem dispositivos que manipulam luz para executar cálculos digitais. Eles usam fótons em vez de elétrons, o que permite uma largura de banda maior e menor latência (atraso de dados).

COMPUTAÇÃO ÓPTICA | 83

ALÉM DO DISCO RÍGIDO

Todos os anos, dezenas de zettabytes (1 ZB = 1.000.000.000.000.000.000.000 bytes) de dados são gerados, um valor que ainda vai aumentar. Essas quantidades crescentes de informação precisam ser armazenadas de forma a se pensar em espaço e energia eficientes, segurança, fácil acesso e estabilidade com o

Armazenamento de dados
Discos rígidos são a mídia dominante de armazenamento de dados, mas sistemas que permitem armazenamento maior e mais eficiente estão em desenvolvimento.

Armazenamento em blockchain
No armazenamento em blockchain (ver p. 102), os dados ficam salvos em conjuntos conectados e criptografados ("blocos"). Eles são armazenados em espaço não utilizado de disco rígido numa rede de computadores descentralizada, o que pode ser mais seguro do que um centro de dados centralizado de uma única empresa de tecnologia.

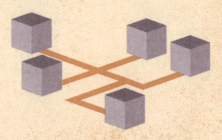

Armazenamento multinuvem
Os armazenamentos de dados podem ser compartilhados por múltiplos provedores de nuvem. Isso dá ao usuário mais flexibilidade e segurança, além de reduzir os riscos de ficar preso a um único provedor.

Armazenamento em cristal
Discos rígidos podem falhar em poucos anos de uso, mas armazenar dados em quartzo pode mantê-los estáveis por bilhões de anos. Os dados são gravados a laser em um disco de cristal pequeno.

passar dos anos. As mídias atuais de armazenamento de dados, como os discos rígidos, guardam "bits" (a menor unidade de informação que um computador pode processar) em áreas pequeninas de um disco que gira. Só que, no futuro, essa mídia pode ser insuficiente. Suprir essa necessidade requer inovações em armazenamento de dados.

Disco rígido com hélio
Substituir o ar de um disco rígido por hélio pode melhorar o desempenho. Como o hélio é bem menos denso do que o ar, isso minimiza o arrasto e a turbulência no disco giratório, o que permite mais armazenamento.

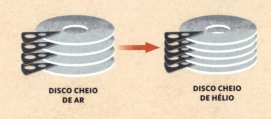

DISCO CHEIO DE AR → DISCO CHEIO DE HÉLIO

Disco SMR
Discos rígidos convencionais gravam dados em faixas que não se sobrepõem, mas discos SMR (Shingled Magnetic Recording) permitem que novas faixas se sobreponham levemente com faixas anteriores, aumentando a capacidade.

DISCOS CONVENCIONAIS → DISCO SMR

Armazenamento em DNA
Dados podem ser codificados em fitas sintéticas de DNA e depois decodificados. Para isso, eles são convertidos em uma sequência das quatro bases de DNA (A, C, G e T), sintetizados em DNA com essa sequência e armazenados, o que permite um acúmulo denso de dados.

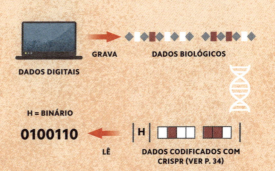

DADOS DIGITAIS — GRAVA → DADOS BIOLÓGICOS

H = BINÁRIO
0100110 ← LÊ — DADOS CODIFICADOS COM CRISPR (VER P. 34)

ARMAZENAMENTO ALTERNATIVO DE DADOS | 85

SOLUCIONANDO O IMPOSSÍVEL

Um computador quântico utiliza o jeito como a matéria se comporta em escala diminuta, ou "quântica", trabalhando com átomos ou partículas subatômicas (como prótons ou elétrons) para solucionar problemas. Isso dá a eles o potencial de executar tarefas que são quase impossíveis para computadores clássicos (que manipulam dados na forma de "bits", representados por "0" ou "1"), desde simular sistemas físicos complexos a desvendar protocolos de criptografia. Entretanto, construir e rodar computadores quânticos continua sendo um desafio enorme de engenharia, e os computadores clássicos ainda são melhores do que os computadores quânticos para usos práticos.

EM TODO LUGAR AO MESMO TEMPO

Na computação clássica, a unidade básica de informação é um bit, um dígito binário que pode existir em um de dois estados, representado por "0" ou "1". Na computação quântica, a unidade básica é um quantum bit, ou "qubit", uma partícula subatômica. Os qubits podem existir em dois estados possíveis ao mesmo tempo ("sobreposição"). Durante a medida (a manipulação de qubits para obter um resultado numérico), essa sobreposição desmorona e deixa o qubit em um estado só. Em teoria, a sobreposição e o entrelaçamento (ver abaixo) tornam o computador quântico mais poderoso do que os computadores clássicos.

Bits
A computação clássica é baseada na manipulação de bits. Um bit só pode existir em um estado ou em outro, representado por "0" ou "1".

Qubits
A computação quântica tem por base a manipulação de qubits. Diferentemente do bit, um qubit pode existir não só em um de dois estados, mas também em uma combinação de dois estados simultaneamente.

SOBREPOSIÇÃO
Qubits podem representar dois estados – "0" e "1" – ao mesmo tempo.

ENTRELAÇAMENTO
Qubits agem de forma randômica, mas os cientistas podem entrelaçá-los para que o estado de um dependa do estado do outro. Isso torna os qubits previsíveis, o que aumenta muito a velocidade de processamento do computador.

BITS E QUBITS

A QUÂNTICA NA PRÁTICA

Apesar do progresso no desenvolvimento do delicado hardware dos computadores quânticos, eles atualmente quase não têm aplicações práticas. Muitas pesquisas estão concentradas em encontrar usos para eles. Eles podem ser valiosos para resolver problemas que têm um número amplo de variáveis envolvidas: os computadores clássicos precisam avaliar cada possibilidade por vez, mas os computadores quânticos podem considerar várias possibilidades ao mesmo tempo. Isso pode transformar a criptografia, que é amplamente baseada em problemas matemáticos impraticáveis para os computadores clássicos resolverem.

Procurando trabalho
Fora campos como análise combinatória e geração aleatória de números, há poucas aplicações práticas para a computação quântica no momento.

COMBINATÓRIA
Os computadores clássicos demoram para executar cálculos combinatórios, trabalhando por uma miríade de permutações para alcançar o objetivo desejado. Em princípio, os computadores quânticos podem fazer isso mais rapidamente.

GERAÇÃO DE NÚMEROS ALEATÓRIOS
A geração de números verdadeiramente aleatórios é útil para simulações de computador, aprendizado de máquina (ver p. 75), criptografia (ver p. 90) e jogos, dentre outras áreas.

CLÁSSICO X QUÂNTICO

A supremacia quântica é um objetivo simbólico da computação quântica: demonstrar que um computador quântico pode resolver problemas essencialmente impossíveis para computadores clássicos. Alcançar a supremacia quântica tem duas grandes complicações. A primeira é encontrar um problema para o qual os computadores quânticos tenham uma vantagem definitiva. A segunda é construir um computador quântico de muitos qubits e ao mesmo tempo gerenciar a decoerência – a interação de qubits (ver p. 87) com o ambiente, o que causa perturbações e perda de informação.

Problemas grandes demais?
O crescimento de certos problemas aumenta exponencialmente o tempo e os recursos de que os computadores clássicos precisam para solucioná-los. Em teoria, os computadores quânticos são bem mais eficientes.

SOLUÇÕES SUPERRÁPIDAS
Um computador quântico poderia solucionar em poucos minutos problemas que ocupariam um computador clássico por milhares de anos.

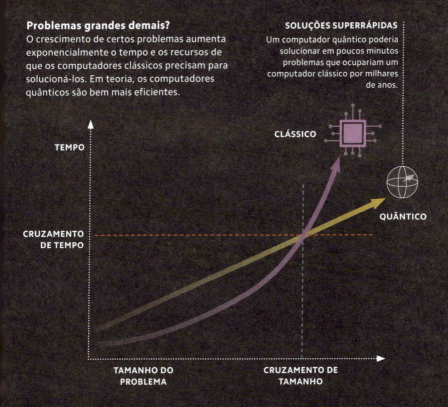

SUPREMACIA QUÂNTICA | 89

Filtrando fluxos de fótons
O remetente usa quatro filtros, que são trocados de forma aleatória para gerar um fluxo de fótons polarizados (partículas de luz), cada um representando "0" ou "1".

FÓTONS ENVIADOS
Os filtros são trocados aleatoriamente, o que designa polarizações (direções) e designações de bits aos fótons.

Dois filtros retilíneos (vertical e horizontal).

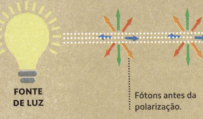

FONTE DE LUZ

Fótons antes da polarização.

Dois filtros diagonais (-45° e +45°).

CÓDIGOS INQUEBRÁVEIS

Na criptografia, dados são criptografados para que só uma pessoa com a "chave" correta consiga decifrá-los. A criptografia quântica é considerada mais segura do que a criptografia clássica, pois baseia sua segurança nas leis da física, e não em um problema matemático complexo. O exemplo mais conhecido é a distribuição de chave quântica, na qual um remetente e um receptor trocam partículas em estados quânticos (representando bits) para gerar uma chave secreta. Um estado quântico não pode ser medido sem ser afetado; sendo assim, um interceptador (hacker) não pode interceptar as partículas sem ser detectado.

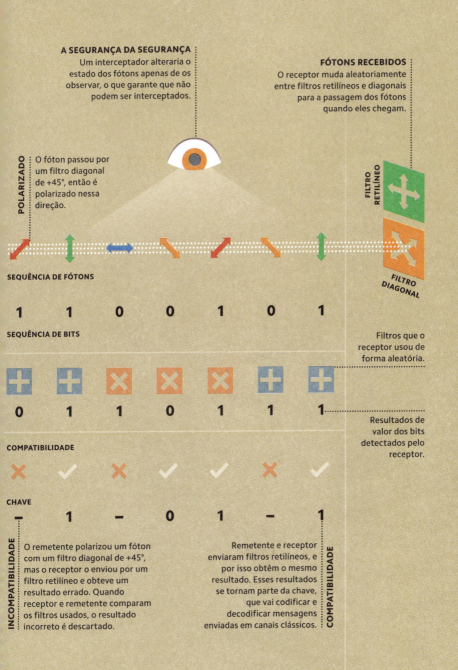

NANODIAMANTE SINTÉTICO

Nanodiamantes
Nanodiamantes produzidos com formações atômicas específicas podem adotar propriedades quânticas e agir como sensores quânticos.

CRIANDO UM CENTRO N-V
Ao substituir dois átomos de carbono dentro da estrutura atômica de um diamante por um átomo de nitrogênio e um "vazio" (um espaço onde normalmente existiria um átomo), os cientistas podem criar um centro de vacância de nitrogênio (N-V).

O spin é um sensor
O spin dos elétrons em um centro N-V é altamente sensível a mudanças ópticas, elétricas e físicas. Isso faz dele um sensor extremamente preciso.

CENTRO N-V

LASER VERDE

LUZ VERMELHA EMITIDA

MEDINDO CAMPOS MAGNÉTICOS
Um centro N-V que recebe um raio laser verde vai emitir luz vermelha, que é afetada por magnetismo. Ao estudar a intensidade da luz vermelha, os cientistas conseguem medir com precisão o campo magnético local.

DETECTORES DELICADOS

Apesar de a sensibilidade dos estados quânticos apresentar desafios quando se trata de construir computadores quânticos, ela é ideal para fazer medidas. Os sensores quânticos, como centros N-V projetados dentro de nanodiamantes, exploram o fenômeno quântico para medir variáveis –

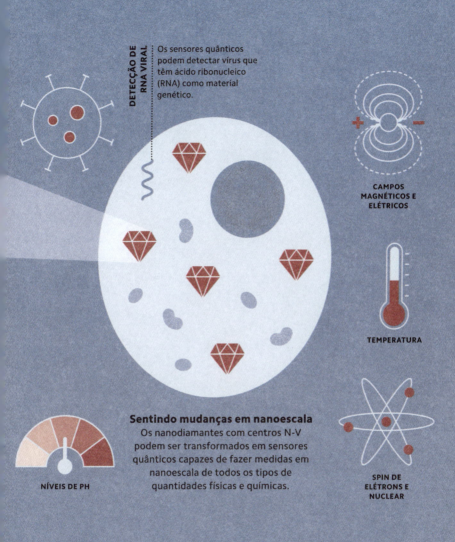

inclusive campos elétricos e magnéticos e níveis de PH – com muito mais precisão do que dispositivos clássicos conseguem fazer. Rastrear a atividade neural medindo os pequenos campos magnéticos que surgem do fluxo elétrico no cérebro é um tipo de pesquisa feita com sensores quânticos.

SENSORES QUÂNTICOS | 93

COMUNI
E
MÍDIA

CAÇÃO

Atualmente, bilhões de dispositivos falam uns com os outros por uma infraestrutura de comunicação sempre crescente, como 5G e constelação de satélites. Isso é conhecido como a Internet das Coisas (IoT). A internet "original" está entrando numa fase nova que pode levá-la a ser mais descentralizada e democrática, com tecnologias como blockchain usadas para distribuir controle. A barreira entre corpo e computador está se quebrando, com mais experiências digitais além da tela de um telefone ou computador. Dispositivos como óculos de realidade virtual mergulham os usuários em mundos virtuais, com entrada a partir do corpo. Algumas pessoas torcem para que seja possível viver em computadores enquanto ainda estão vivas.

VIDA CONECTADA

A Internet das Coisas (IoT) se refere à sempre crescente rede de bilhões de objetos que incorporam sensores, acionadores e dispositivos de comunicação. Isso permite que mais e mais do mundo físico seja monitorado e controlado com precisão. Por exemplo, as "casas inteligentes" podem ter um monitor de qualidade do ar que fornece percepções e recomendações detalhadas, ou um forno que o dono acende remotamente por um aplicativo. A IoT também engloba cidades inteligentes (ver p. 142) e agricultura de precisão (ver p. 47).

PRIVACIDADE
Janelas com "película inteligente" para ajustar a transparência.

MANUTENÇÃO
Sensores monitoram as paredes para verificar se há danos por água ou pragas.

VEÍCULO ON-LINE
Um carro com internet habilitada pode se conectar a outros carros.

SEGURANÇA
Fechaduras inteligentes com reconhecimento facial.

> "A Internet das Coisas vai criar um mundo mais inteligente e conectado."
> Eric Schmidt, empreendedor

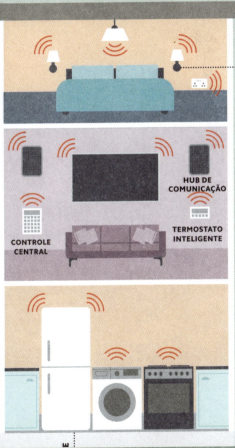

SUPERVISÃO DE USO DE DISPOSITIVOS

A iluminação inteligente se liga e desliga conforme necessário, e as tomadas inteligentes controlam o fluxo de eletricidade para todos os dispositivos.

HUB DE COMUNICAÇÃO

TERMOSTATO INTELIGENTE

CONTROLE CENTRAL

CONTROLE REMOTO

Os dispositivos de uma casa inteligente podem ser verificados e receber comandos a partir de aplicativos. Isso faz com que possam ser acessados de qualquer parte do mundo.

COZINHA INTELIGENTE

Muitos eletrodomésticos podem ser controlados remotamente. Alguns podem ter capacidade de IA – por exemplo, uma geladeira que "vê" o que tem dentro e sugere receitas.

INTERNET DAS COISAS | 97

> "Uma rede de comunicação que coloca cada parte do mundo em contato quase imediato com todas as outras."
> David Bohm, cientista

COBERTURA CRESCENTE POR SATÉLITE

Há cerca de 7 mil satélites ativos em órbita, sete vezes mais em comparação a 2010. Mais de metade deles permite acesso à internet.

ANTENA PARABÓLICA CONECTA AO ROTEADOR

PROVEDOR DE SERVIÇOS DE INTERNET (ISP)

INTERNET DA ERA ESPACIAL

Um satélite pode estabelecer um canal de comunicação entre dois locais distantes na Terra, transmitindo e amplificando os sinais de rádio entre transmissor e receptor. Isso permite uma comunicação sem fio que seria impossibilitada pela curvatura da terra. Apesar de os satélites de comunicação existirem há décadas, só recentemente muitos deles ficaram disponíveis para oferecer essas conexões. O acesso à internet via satélite, cada vez mais apoiado pelas constelações de satélites (ver página seguinte), é útil para pessoas que moram em áreas com infraestrutura terrestre de internet limitada ou inexistente.

COBERTURA GLOBAL

Uma constelação de satélites é um grupo de satélites trabalhando como um sistema unificado. Um satélite tem cobertura limitada, mas uma constelação proporciona cobertura global completa. A constelação mais famosa talvez seja o sistema de posicionamento global (GPS), um auxílio à navegação que identifica locais na Terra usando mais de trinta satélites. Mas algumas constelações têm muito mais: a Starlink, que fornece cobertura de internet, reúne milhares de satélites. O custo cada vez menor de lançamentos, graças principalmente aos foguetes reutilizáveis (ver p. 69), possibilitou a produção de mais projetos de constelação de satélites.

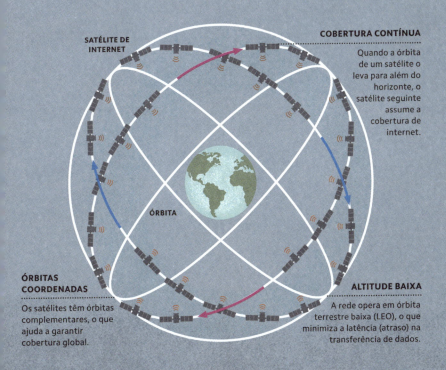

SATÉLITE DE INTERNET

COBERTURA CONTÍNUA
Quando a órbita de um satélite o leva para além do horizonte, o satélite seguinte assume a cobertura de internet.

ÓRBITA

ÓRBITAS COORDENADAS
Os satélites têm órbitas complementares, o que ajuda a garantir cobertura global.

ALTITUDE BAIXA
A rede opera em órbita terrestre baixa (LEO), o que minimiza a latência (atraso) na transferência de dados.

CONSTELAÇÕES DE SATÉLITES | 99

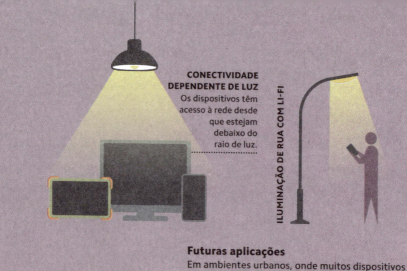

CONECTIVIDADE DEPENDENTE DE LUZ
Os dispositivos têm acesso à rede desde que estejam debaixo do raio de luz.

ILUMINAÇÃO DE RUA COM LI-FI

Futuras aplicações
Em ambientes urbanos, onde muitos dispositivos lutam por largura de banda, o Li-Fi pode utilizar fontes artificiais de luz. Postes de luz, TVs e outros dispositivos equipados com LEDs poderiam ser usados para acessar a internet.

INTERAÇÃO NA RUA
Os sinais de trânsito se comunicam com os carros, e os carros se comunicam uns com os outros.

FALANDO COM LUZ

Enquanto o Wi-Fi emprega roteadores e ondas de rádio na comunicação sem fio, o Li-Fi usa luzes de LED e ondas de luz. Os LEDs transmitem dados na forma de sinais de luz piscando em velocidades que são imperceptíveis ao olho humano. A luz é convertida em dados eletrônicos no dispositivo de um usuário. O Li-Fi permite uma transferência de dados mais veloz do que o Wi-Fi e tem largura de banda maior, chegando a lugares em que o Wi-Fi não consegue (como debaixo da água). O Li-Fi ainda não está em amplo uso, mas há interesse na tecnologia.

REDE DO FUTURO?

A internet teve duas fases principais: Web 1.0, na qual os usuários consumiam conteúdo de páginas estáticas, e Web 2.0, na qual os usuários criam e consomem conteúdo em plataformas centralizadas. A Web 3.0 se caracteriza como mais descentralizada, com uso amplo de blockchain (ver p. 102) e IA (ver p. 76 e 77). Entretanto, há uma discordância sobre como a Web 3.0 deve ser definida e se alguma dessas definições descreve a direção na qual a internet está se deslocando. Por exemplo, em vez de diversificar, a internet parece estar se tornando mais centralizada e dominada por poucas empresas de tecnologia.

Aonde a 3.0 pode ir?
Apesar de definições conflitantes, há características-chave associadas à Web 3.0. Elas se relacionam, de um modo geral, a proporcionar mais controle a usuários individuais.

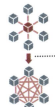

DESCENTRALIZAÇÃO
As redes peer-to-peer, como o blockchain, evitam a supervisão de uma entidade central.

CONECTIVIDADE
As informações são acessíveis de uma variedade enorme de dispositivos conectados (ver p. 96).

WEB SEMÂNTICA
As máquinas conseguem "compreender" informações na internet.

GRÁFICOS 3D
Os efeitos visuais tridimensionais estão mais presentes, principalmente nos "mundos virtuais" (ver p. 105).

IA E APRENDIZADO DE MÁQUINA
As tecnologias de IA, como a IA generativa (ver p. 104), passam a ser integradas pela internet.

SEM PERMISSÃO
A participação não depende de autorização de uma autoridade central.

BLOCO A BLOCO

Um registro distribuído é um banco de dados armazenado em muitos computadores espalhados geograficamente. O uso mais conhecido é o blockchain: uma base de dados descentralizada de registros ("blocos") conectados por criptografia. Os blocos não podem ser alterados sem o consenso de todos os participantes. O blockchain tem associação com criptomoedas, para as quais toda transação é registrada no blockchain correspondente. Ele também pode ser usado em outras áreas, como em gestão de cadeias de suprimentos, para garantir, por exemplo, que diamantes sejam de origens éticas.

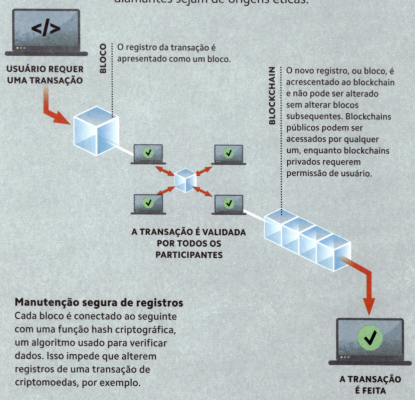

USUÁRIO REQUER UMA TRANSAÇÃO

BLOCO: O registro da transação é apresentado como um bloco.

A TRANSAÇÃO É VALIDADA POR TODOS OS PARTICIPANTES

BLOCKCHAIN: O novo registro, ou bloco, é acrescentado ao blockchain e não pode ser alterado sem alterar blocos subsequentes. Blockchains públicos podem ser acessados por qualquer um, enquanto blockchains privados requerem permissão de usuário.

A TRANSAÇÃO É FEITA

Manutenção segura de registros
Cada bloco é conectado ao seguinte com uma função hash criptográfica, um algoritmo usado para verificar dados. Isso impede que alterem registros de uma transação de criptomoedas, por exemplo.

ENTRADA

"Escreva um romance de época de 100 mil palavras que se passa em Londres. Inclua um roubo de joias e um detetive."

ENTRADA
O usuário digita um comando ou pergunta para o modelo em linguagem usual.

CODIFICADOR
O codificador do programa de IA cria uma representação abstrata da entrada que o modelo consegue "entender".

LOOP DO DECODIFICADOR
O decodificador gera o texto até produzir um sinal para parar.

DECODIFICADOR
O decodificador do programa de IA usa essa representação para gerar uma sequência de texto, palavra por palavra.

"A neblina se espalhava no brilho da lamparina a gás que ficava em frente da joalheria…"

SAÍDA
O modelo responde ao usuário em linguagem usual.

SAÍDA

FALANDO COM MÁQUINAS

A capacidade de uma máquina entender a linguagem humana é conhecida como processamento de linguagem natural (NLP). Esse campo da IA passou por avanços consideráveis nos anos recentes, com dados de linguagem colhidos na internet sendo usados para treinar modelos (ver p. 76) para ler, escrever, ouvir e falar. Um exemplo são os grandes modelos de linguagem, um tipo de IA generativa (ver p. 104) que produz texto indistinguível do que é escrito por humanos. Esses modelos trabalham prevendo repetidamente a palavra seguinte numa sequência.

PROCESSAMENTO DE LINGUAGEM NATURAL | 103

ARTISTAS DE IA

A IA generativa é o campo da inteligência artificial dedicado a criar textos, áudios, imagens e outras mídias. Os modelos são treinados usando grandes conjuntos de dados de conteúdo existente. Por exemplo, modelos de texto para imagem aprendem de imagens tiradas da internet que contêm descrição de texto. A ascensão rápida desse campo gerou perguntas, como se a IA pode ser "dona" de conteúdo e como lidar com desinformação convincente, como fotos falsas de pessoas reais. No futuro, marcas d'água criptografadas poderão identificar mídias autênticas.

FONTES ON-LINE
Um modelo de IA pode "revirar" a internet e coletar dados de fontes como arquivos de imagens e artes reais.

FAZENDO ARTE
Com base no material coletado, o modelo de IA gera uma nova arte.

MÍDIA GERADA POR IA

REALIDADE VIRTUAL — 360° — IMERSÃO: O usuário é imerso e afastado da realidade.

REALIDADE AUMENTADA — INCREMENTAÇÃO: O usuário vê uma versão incrementada do mundo real.

REALIDADE MISTA — HÍBRIDA: O usuário interage com elementos reais e virtuais.

AMBIENTES ENRIQUECIDOS

A realidade estendida (XR) abrange tecnologias que enriquecem ou substituem o ambiente de um usuário por imagens digitais. A realidade virtual coloca os usuários num mundo artificial, geralmente por meio de um dispositivo vestível. A realidade aumentada sobrepõe elementos digitais à visão do mundo de um usuário; a realidade mista é uma extensão mais interativa disso. A XR pode ser usada por engenheiros para se colocarem e aos seus clientes "dentro" de uma planta, por exemplo, ou na saúde para criar ambientes imersivos para testar a reação de pacientes.

TOTALMENTE DIGITAL: Representa um ambiente completamente digital.

DIGITAL E REAL: A informação digital é sobreposta à visão que o usuário tem do mundo.

MUNDOS COMBINADOS: Oferece uma forma mais interativa de realidade aumentada.

Exercício com fantasia
Usuários com equipamentos de realidade virtual podem se exercitar em casa enquanto usam um avatar da escolha deles em uma aula virtual.

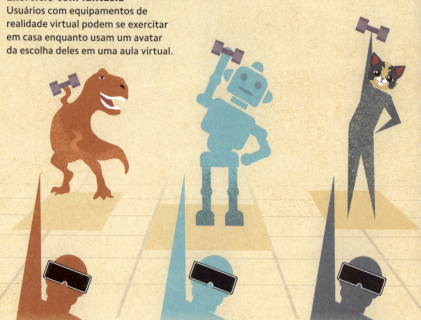

DENTRO DO METAVERSO

O conceito de metaverso descrito pela primeira vez no livro de ficção científica *Snowcrash*, de Neal Stephenson, é uma versão hipotética da internet. Ele imagina a internet como um mundo virtual único, compartilhado em 3D, no qual os usuários são representados por avatares que são acessados por meio de equipamentos de realidade virtual (ver a página seguinte e a p. 105). Os usuários podem trabalhar, fazer compras, socializar e fazer todas as outras coisas que fazem on-line nesse ambiente mais imersivo. Essa visão do metaverso foi recebida com pouco entusiasmo, mas jogos no estilo metaverso são extremamente populares, com milhões de usuários ativos. Esses jogos costumam oferecer uma "fuga" do mundano para mundos virtuais fantásticos.

COM O MOVIMENTO DA MÃO

A maioria dos computadores é operada usando um mouse, um teclado, uma tela touch e às vezes um microfone. A computação baseada em gestos permite que humanos interajam com computadores além desses dispositivos convencionais ao incorporar movimentos da cabeça e das mãos, movimentos dos olhos, postura e até expressões faciais. Essa variedade de entradas 3D pode tornar as experiências em realidade estendida (ver p. 105) mais imersivas e intuitivas. Equipamentos especializados, como luvas conectadas, costumam ser necessários, embora uma webcam seja suficiente para detectar gestos simples. A computação baseada em gestos é ideal para jogos, casas inteligentes, saúde e robótica, e pode facilitar o uso de computadores para pessoas com certas deficiências.

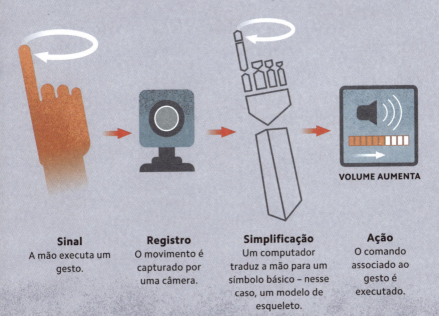

Sinal
A mão executa um gesto.

Registro
O movimento é capturado por uma câmera.

Simplificação
Um computador traduz a mão para um símbolo básico – nesse caso, um modelo de esqueleto.

Ação
O comando associado ao gesto é executado.

COMPUTAÇÃO BASEADA EM GESTOS

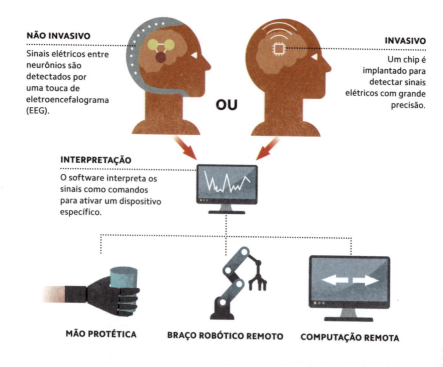

CONTROLE MENTAL

    Uma interface cérebro-computador (ICC) é uma conexão entre um cérebro e um dispositivo externo obtida por um método invasivo ou por um método não invasivo. Muitas tecnologias poderiam ser chamadas de ICC, mas o termo costuma se referir a um jeito de permitir que humanos controlem dispositivos – como um computador ou uma prótese robótica – com seus pensamentos. As ICCs detectam e analisam sinais elétricos do cérebro e os convertem em comandos para o dispositivo. A aplicação principal das ICCs é substituir ou restaurar funções humanas limitadas por doenças ou lesões, embora haja interesse em aplicações não medicinais, incluindo jogos e usos militares.

IMORTALIDADE DIGITAL

Para algumas pessoas, a existência eterna em forma digital ("imortalidade digital") pode um dia oferecer um meio factível de viver para sempre. O processo poderia envolver a digitalização de um cérebro e seu arquivamento em forma digital, para que a personalidade, as lembranças e (de acordo com algumas escolas de pensamento) a consciência de um indivíduo continuem existindo depois da morte corporal. Isso apresenta a possibilidade de alguém ser representado por um avatar ou de controlar um corpo robótico. A tecnologia é totalmente especulativa; até hoje os cientistas apenas conseguiram simular cérebros inteiros de organismos muito simples, como o verme *Caenorhabditis elegans*.

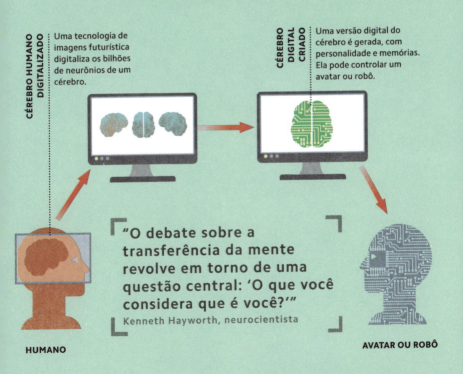

CÉREBRO HUMANO DIGITALIZADO: Uma tecnologia de imagens futurística digitaliza os bilhões de neurônios de um cérebro.

CÉREBRO DIGITAL CRIADO: Uma versão digital do cérebro é gerada, com personalidade e memórias. Ela pode controlar um avatar ou robô.

HUMANO

AVATAR OU ROBÔ

"O debate sobre a transferência da mente revolve em torno de uma questão central: 'O que você considera que é você?'"
Kenneth Hayworth, neurocientista

ROBÓTI

CA

Os robôs fazem trabalhos que são chatos, sujos, perigosos ou quase impossíveis para os humanos. Eles podem trabalhar sem descanso em fábricas, procurar sobreviventes depois de desastres naturais ou serem lançados em viagens só de ida para o espaço. Eles existem em diversos tamanhos, sendo que alguns dos menores robôs são feitos de componentes biológicos como células. Os robôs têm graus variados de autonomia, desde drones militares e máquinas cirúrgicas com controle humano a robôs movidos a IA que agem sem supervisão. Um grande desafio é criar robôs que trabalhem bem com pessoas. Essas criações podem envolver materiais macios, características humanoides e inteligência social artificial.

CIRURGIA REMOTA

Sistemas especializados de robótica podem ser usados para executar procedimentos cirúrgicos com precisão e controle incrementados. O mais comum deles, o sistema da Vinci, é usado para cirurgias minimamente invasivas. Em vez de usar instrumentos manuais, o cirurgião se senta a um console e guia os instrumentos remotamente. Esse sistema reduz a fadiga, erradica tremores e permite que o cirurgião trabalhe remotamente. As tecnologias em desenvolvimento indicam que os futuros cirurgiões robóticos terão mais autonomia e praticarão cirurgias de maior complexidade.

VISÃO DETALHADA
O cirurgião recebe uma imagem 3D do local a ser operado.

EM CONTROLE
O cirurgião usa um console para manipular os instrumentos do sistema.

De longe
A cirurgia robótica pode ser executada por um cirurgião em um continente diferente do paciente.

VISÃO COMPLETA
Uma câmera transmite a operação para o monitor do cirurgião.

FIRMEZA DE PEDRA
Braços robóticos têm uma função de pulso nas pontas, o que permite que eles virem os instrumentos cirúrgicos que seguram.

CIRURGIAS ASSISTIDAS POR ROBÔS

ROBÔS NA FÁBRICA

Existem hoje milhões de robôs industriais em uso. A maioria está instalada em linhas de montagem, nas quais cada um executa uma tarefa repetidamente com grande consistência. O exemplo mais comum dessa tecnologia é o "braço robótico". Ele se parece um pouco com um braço humano e tem na ponta uma ferramenta, que pode ser uma pinça ou um eletrodo, e vários graus de liberdade que permitem uma ampla variedade de movimentos. Os robôs industriais são ideais para fábricas inteligentes, nas quais os dados fornecidos por dispositivos conectados são usados para otimizar processos.

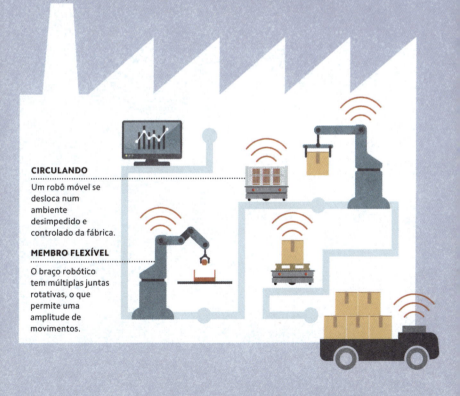

CIRCULANDO
Um robô móvel se desloca num ambiente desimpedido e controlado da fábrica.

MEMBRO FLEXÍVEL
O braço robótico tem múltiplas juntas rotativas, o que permite uma amplitude de movimentos.

ROBÔS INDUSTRIAIS | 113

ROBÔS AO RESGATE

Os robôs estão se tornando ferramentas valiosas de salvamento de vidas em zonas de desastre. Uma variedade enorme deles foi usada para ajudar em operações de resgate, com tarefas que vão desde procurar sobreviventes e remover entulhos a entregar suprimentos médicos. Muitas vezes inspirados em comportamentos de animais, esses robôs voam, nadam, passam por cima de detritos e se enfiam em frestas para executar tarefas perigosas demais para humanos.

DRONE
Um drone com um braço pode procurar em locais inacessíveis a um humano.

Equipe de robôs
Uma equipe de robôs de busca e resgate pode ser usada no local de um desastre, cada um com uma tarefa própria.

O hidrogel tem moléculas longas e entrelaçadas.

PINÇA IMPRESSA DE HIDROGEL

PINÇA ABERTA
A pinça robótica é feita de estruturas de hidrogel conectadas a tubos emborrachados.

PINÇA DE HIDROGEL
Um dispositivo de garra impresso a partir de hidrogel pode pegar um peixe sem fazer mal a ele.

114 | ROBÓTICA DE BUSCA E RESGATE

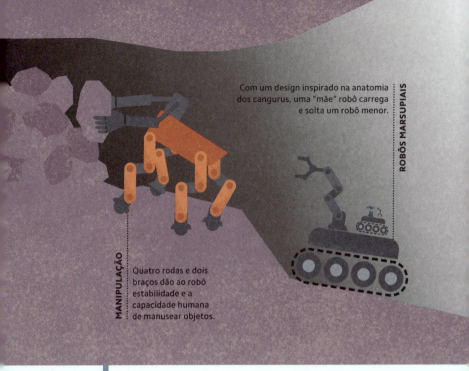

Com um design inspirado na anatomia dos cangurus, uma "mãe" robô carrega e solta um robô menor.

ROBÔS MARSUPIAIS

MANIPULAÇÃO
Quatro rodas e dois braços dão ao robô estabilidade e a capacidade humana de manusear objetos.

A estrutura de hidrogel tem moléculas de água.

GARRA FECHADA
Bombear água para os tubos faz com que os "dedos" se fechem rapidamente.

UM TOQUE HUMANO

Robôs costumam ser feitos de materiais rígidos, como metais e plásticos duros. O campo da robótica macia se concentra em criar robôs a partir de hidrogéis, silicone, borracha e outros materiais que se parecem com tecidos vivos. Isso é útil quando o robô precisa adaptar seu formato para suportar impactos ou para lidar com um objeto com a delicadeza que um humano teria – por exemplo, ao ajudar profissionais de saúde a cuidar de pacientes.

ROBÓTICA MACIA | 115

Micronadador
Um microbot macio, inspirado num parasita que nada pela corrente sanguínea, poderia desentupir artérias.

Caranguejo robótico
Um robô "rastejante" de 0,5 mm de largura se move mudando de forma conforme se aquece e esfria.

Robô autodobrável
Um dispositivo em nanoescala pode se dobrar numa forma em 3D com uma carga de eletricidade, o que permite que ele se mova.

ROBÔS EM MINIATURA

Microbots (robôs em microescala) e nanobots (robôs em nanoescala) apresentam um conjunto específico de oportunidades e desafios. Eles têm o potencial de serem muito úteis na medicina por poderem entrar no corpo humano para executar procedimentos delicados, como desfazer coágulos sanguíneos. Os microbots, e especialmente os nanobots, ainda são experimentais, principalmente porque os engenheiros ainda estão descobrindo como energizá-los numa escala tão pequena. Uma possível solução para esse problema pode ser construí-los com componentes biológicos – por exemplo, incorporando uma bactéria ou célula de esperma para dar propulsão.

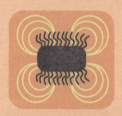

Robô de pelos longos
Os pelos de um robô inspirado numa larva oscilam em resposta a um som, o que o faz nadar.

Motor natural
A cinesina, uma proteína, "anda" pelas estruturas celulares. Ela poderia ser usada como motor para os nanobots.

Nanocarro
Um "carro" em nanoescala rola em resposta à temperatura, permitindo que ele se desloque dentro do corpo humano.

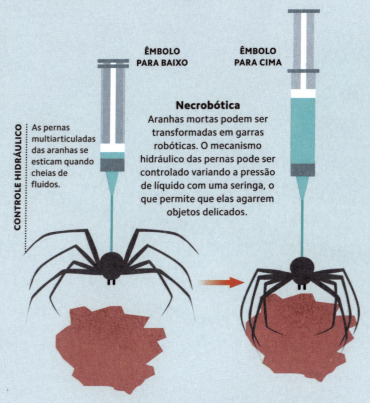

ÊMBOLO PARA BAIXO

ÊMBOLO PARA CIMA

CONTROLE HIDRÁULICO — As pernas multiarticuladas das aranhas se esticam quando cheias de fluidos.

Necrobótica
Aranhas mortas podem ser transformadas em garras robóticas. O mecanismo hidráulico das pernas pode ser controlado variando a pressão de líquido com uma seringa, o que permite que elas agarrem objetos delicados.

TRABALHANDO COM A NATUREZA

O campo da biorrobótica engloba tanto a robótica inspirada nos organismos biológicos quanto a robótica integrada a organismos biológicos. Células, tecidos e organismos inteiros são usados para construir robôs, aproveitando o maquinário complexo da natureza. Músculos esqueléticos de mamíferos e tecido do vaso dorsal (circulatório) de insetos, por exemplo, foram usados como atuadores, criando movimento, e aranhas mortas foram reconfiguradas como pinças robóticas usando necrobótica (ver acima). Além de serem biodegradáveis, esses robôs contêm energia própria e se curam sozinhos se estiverem vivos.

BIORROBÓTICA | 117

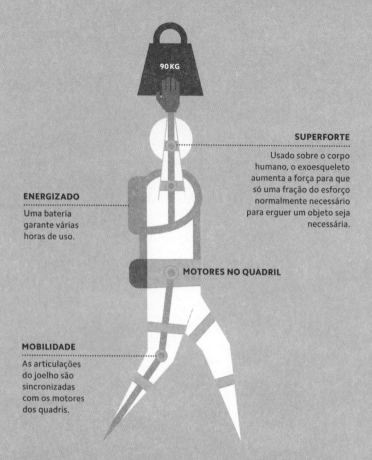

FORÇA SOBRE-HUMANA

Os exoesqueletos motorizados são dispositivos grandes que aumentam as habilidades físicas de quem os usa. Sensores por toda a estrutura transmitem dados para um sistema de controle central, que direciona os sinais para atuadores que sincronizam o exoesqueleto com os movimentos pretendidos pelo usuário. Os exoesqueletos estão sendo usados para ajudar pacientes a recuperarem funções (principalmente as dos membros inferiores) depois de lesões ou doenças. Entretanto, também há interesse em aplicações industriais e militares, com o objetivo de conceder força sobre-humana a quem os usar.

INTELIGÊNCIA DE ENXAME

Tendo como modelo as ações cooperativas de insetos como formigas, a robótica de enxame cria comportamento coletivo inteligente em um grupo de robôs simples. O comportamento inteligente é aprendido a partir de interações entre os robôs e entre os robôs e seus arredores. O enxame tolera falhas e continua a funcionar quando alguns membros do grupo falham. A robótica de enxame pode ser usada em vigilância, construção e restauração da natureza. Robôs inspirados em abelhas, por exemplo, poderiam polinizar plantas.

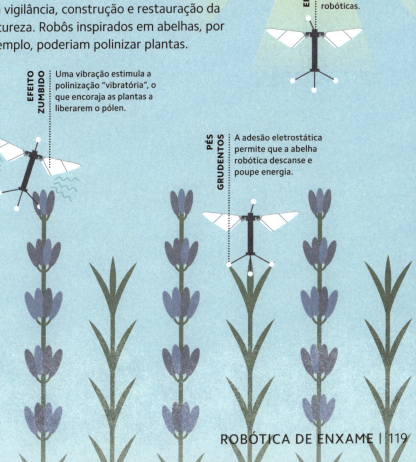

ENERGIA — Painéis solares energizam as abelhas robóticas.

EFEITO ZUMBIDO — Uma vibração estimula a polinização "vibratória", o que encoraja as plantas a liberarem o pólen.

PÉS GRUDENTOS — A adesão eletrostática permite que a abelha robótica descanse e poupe energia.

ROBÓTICA DE ENXAME | 119

CÉREBRO E CORPO

A inteligência artificial incorporada leva a IA digital para o mundo físico, o que significa dar a ela um "corpo" físico que pode sentir e interagir com o ambiente. Esses robôs controlados por IA são equipados com uma variedade de sensores e atuadores que traduzem sinais em movimentos. A IA pode aprender com as interações com o mundo físico. Por exemplo, aspiradores robôs mapeiam gradualmente a disposição de uma casa. A IA incorporada pode assumir uma forma humanoide (ver página seguinte) se isso for relevante para seu trabalho, como é o caso de ajudantes ou acompanhantes de um ser humano.

VIVENDO COM ROBÔS

COMUNICAÇÃO MELHORADA
O robô imita a interação humana virando a cabeça para fazer contato visual e falar.

MAPEAMENTO 3D
Câmeras e outros sensores permitem que o robô rastreie o entorno e mapeie a rota.

BANDEJA ANEXADA
A bandeja é pré-carregada com comida e bebida.

TECNOLOGIA AUTÔNOMA
Para contornar obstáculos, os robôs usam tecnologia autônoma (ver p. 63).

A maioria dos robôs de hoje opera em ambientes limitados, como armazéns e fábricas. Ambientes imprevisíveis do "mundo real" como restaurantes (ver acima), hospitais ou terminais de transporte são mais desafiadores para eles. Eles precisam conseguir se deslocar por ambientes complexos e mutáveis, possivelmente subir escadas e operar maçanetas. Em alguns contextos, também precisam interagir com humanos usando a fala (ver p. 103) e interpretando gestos e expressões faciais.

ROBÔS NO MUNDO REAL | 121

ROBÔS ASSASSINOS

A defesa é há muito tempo uma força motivadora por trás da pesquisa e desenvolvimento da robótica. Usar robôs para executar operações militares perigosas que normalmente seriam realizadas por pessoas pode reduzir o custo humano da guerra. Drones aéreos (veículos aéreos não tripulados) já são amplamente utilizados para vigilância e ataques e têm graus variados de autonomia, embora geralmente permaneçam sob controle humano. Entre os robôs militares estão drones de terra e mar, exoesqueletos (ver p. 118), veículos autônomos para recolher vítimas e máquinas para depositar e remover minas. Mais controversas são as armas autônomas letais, com capacidade de mirar e disparar em alvos.

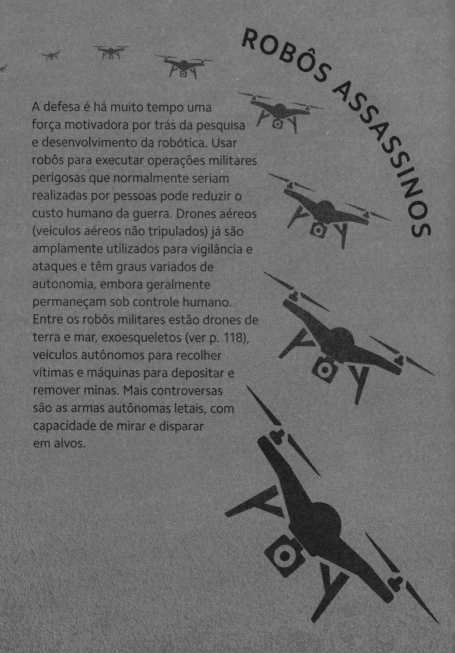

EXPLORADORES ROBÔS

As agências espaciais estão construindo robôs desde os anos 1960, tornando a exploração espacial possível sem os custos e complicações de enviar astronautas. Alguns robôs espaciais operam de forma independente, como os rovers da NASA, que percorrem a superfície do planeta estudando as rochas e enviando dados para a Terra. Outros, como o humanoide "robonauta" da Estação Espacial Internacional, ajudam astronautas. Novos robôs estão sendo desenvolvidos o tempo todo para executar missões espaciais mais ambiciosas. Algumas empresas estão planejando usar robôs para minerar asteroides em busca de metais valiosos.

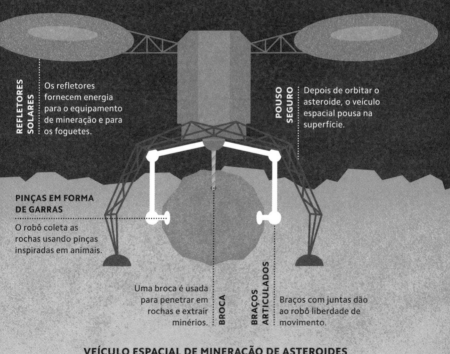

REFLETORES SOLARES
Os refletores fornecem energia para o equipamento de mineração e para os foguetes.

POUSO SEGURO
Depois de orbitar o asteroide, o veículo espacial pousa na superfície.

PINÇAS EM FORMA DE GARRAS
O robô coleta as rochas usando pinças inspiradas em animais.

BROCA
Uma broca é usada para penetrar em rochas e extrair minérios.

BRAÇOS ARTICULADOS
Braços com juntas dão ao robô liberdade de movimento.

VEÍCULO ESPACIAL DE MINERAÇÃO DE ASTEROIDES

ROBÓTICA ESPACIAL | 123

ENERGIA

O setor de energia está passando por uma rápida transformação. Encontrar fontes de energia alternativas a combustíveis fósseis (carvão, petróleo e gás) é essencial para evitar o aquecimento global catastrófico, reduzir a insegurança energética e minimizar desperdícios. Isso requer uma ampla expansão do uso de energia renovável, inclusive o desenvolvimento de novas tecnologias, a melhoria na captura de carbono e a otimização da distribuição e armazenamento de energia. O desenvolvimento de redes elétricas inteligentes, baterias gigantes e turbinas sem hélices são só algumas das inovações que podem revolucionar o setor.

⌜"Uma rede elétrica inteligente é vital para garantir fontes de energia diante de rupturas de fornecimento."⌟
Christoph Schell, Intel Corporation

REDES DO FUTURO

Redes elétricas convencionais distribuem eletricidade de usinas elétricas a gás, carvão ou energia nuclear para pontos de consumo. Fontes renováveis de energia, como vento e energia solar, que variam com o clima, precisam ser gerenciadas por uma "rede inteligente" que leva essas variáveis em conta. Em uma rede inteligente, fontes variadas de energia chegam ao usuário final, e ele devolve o excesso de energia, que pode ser de painéis solares, por meio de uma tecnologia que gerencia essa relação complexa de fornecimento e demanda. Redes inteligentes também usam energia verde de forma eficiente. Por exemplo, a eletricidade gerada por turbinas eólicas à noite, quando a demanda é baixa, pode carregar baterias em escala de rede (ver p. 132) para uso quando a demanda é alta.

TURBINA EÓLICA

PAINÉIS SOLARES

CARREGADOR DE VEÍCULO ELÉTRICO

FÁBRICA

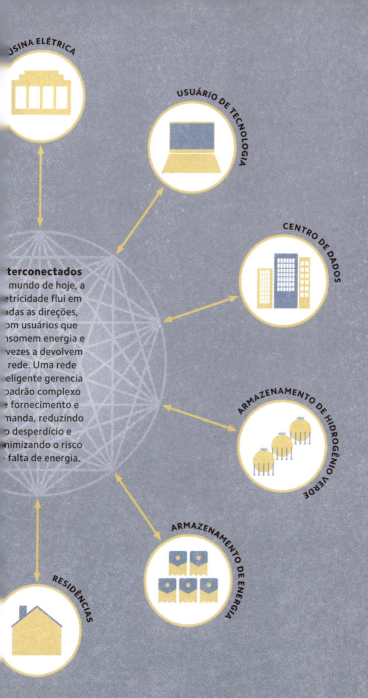

...terconectados

...mundo de hoje, a ...tricidade flui em ...das as direções, ...m usuários que ...nsomem energia e ...vezes a devolvem ...rede. Uma rede ...eligente gerencia ...adrão complexo ...fornecimento e ...manda, reduzindo ...desperdício e ...nimizando o risco ...falta de energia.

USINA ELÉTRICA
USUÁRIO DE TECNOLOGIA
CENTRO DE DADOS
ARMAZENAMENTO DE HIDROGÊNIO VERDE
ARMAZENAMENTO DE ENERGIA
RESIDÊNCIAS

REDE INTELIGENTE | 127

DE CINZA A VERDE

O hidrogênio, que é o elemento mais abundante do universo, é uma alternativa mais limpa ao gás natural, um combustível fóssil. O hidrogênio pode ser usado para aquecimento, eletricidade, processos industriais (inclusive em setores difíceis de descarbonizar, como a siderurgia) e para dar energia a veículos com células de combustível de hidrogênio (ver p. 61). Embora o hidrogênio em si não gere dióxido de carbono danoso, a produção dele geralmente produz o nocivo "hidrogênio cinza". Combinar esse processo com captura e armazenamento de carbono, conhecido como hidrogênio azul,

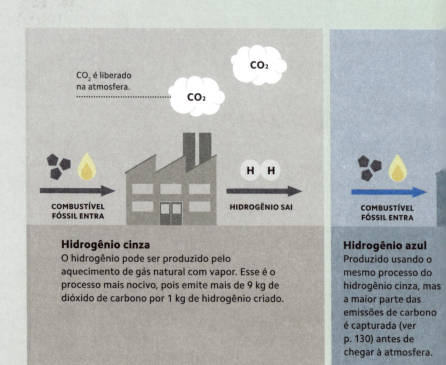

Hidrogênio cinza
O hidrogênio pode ser produzido pelo aquecimento de gás natural com vapor. Esse é o processo mais nocivo, pois emite mais de 9 kg de dióxido de carbono por 1 kg de hidrogênio criado.

Hidrogênio azul
Produzido usando o mesmo processo do hidrogênio cinza, mas a maior parte das emissões de carbono é capturada (ver p. 130) antes de chegar à atmosfera.

128 | HIDROGÊNIO COM EMISSÃO ZERO

é uma alternativa mais limpa. O hidrogênio também pode ser criado por meio de eletrólise. Conhecido como hidrogênio verde, esse processo caro representa menos de 0,1% de todo o hidrogênio.

> "Hidrogênio e oxigênio fornecerão uma fonte inesgotável de calor e luz."
> Julio Verne, escritor de ficção científica

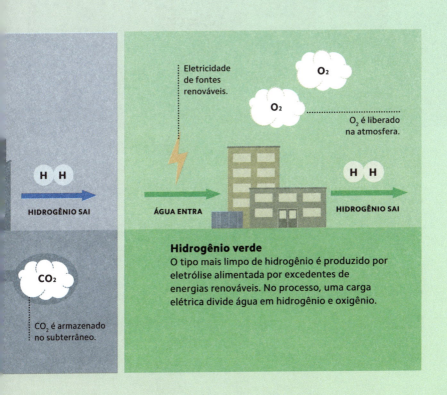

Hidrogênio verde
O tipo mais limpo de hidrogênio é produzido por eletrólise alimentada por excedentes de energias renováveis. No processo, uma carga elétrica divide água em hidrogênio e oxigênio.

HIDROGÊNIO COM EMISSÃO ZERO | 129

CORTANDO CARBONO

A captura de carbono é considerada uma arma necessária na luta contra a mudança climática, ainda mais quando se trata de diminuir emissões de carbono de processos "difíceis de reduzir" – ou seja, nos quais as emissões de carbono são quase inevitáveis – como durante a produção de cimento e de aço. Por todo o mundo, florestas, oceanos, turfeiras e outros ambientes capturam carbono naturalmente, e tecnologias de

Capturando carbono na fonte
O método de menor custo para reter carbono é no ponto de produção, como numa termelétrica a carvão ou num forno de cimento.

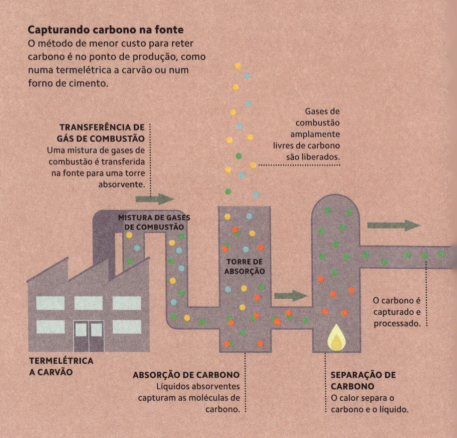

TRANSFERÊNCIA DE GÁS DE COMBUSTÃO
Uma mistura de gases de combustão é transferida na fonte para uma torre absorvente.

Gases de combustão amplamente livres de carbono são liberados.

MISTURA DE GASES DE COMBUSTÃO

TORRE DE ABSORÇÃO

O carbono é capturado e processado.

TERMELÉTRICA A CARVÃO

ABSORÇÃO DE CARBONO
Líquidos absorventes capturam as moléculas de carbono.

SEPARAÇÃO DE CARBONO
O calor separa o carbono e o líquido.

captura de carbono também já foram desenvolvidas. Essas tecnologias retêm o gás de dióxido de carbono no ponto de produção, como em uma fábrica, ou o puxando da atmosfera. Depois de capturado, ele é comprimido, transportado e injetado bem fundo no solo para armazenamento permanente. O carbono também pode ser reciclado para uso em várias aplicações potenciais (ver abaixo).

Utilizando o carbono
O investimento em novas tecnologias continua a abrir aplicações comerciais para o carbono capturado, mas algumas não ajudam muito a reduzir as emissões. Outras, como injetar carbono capturado em concreto, aprisionam o carbono.

> "A captura e o armazenamento de carbono é uma das tecnologias de excelência disponíveis hoje em dia."
> Jade Hameister, Global CCS Institute

CAPTURA DE CARBONO | 131

BATERIAS GIGANTES

Com a adição de renováveis intermitentes, como as energias eólica e solar, nas redes elétricas surge a necessidade de sustentá-las com armazenamento de energia em escala de rede, tecnologias que podem armazenar grandes quantidades de energia em épocas de baixa demanda para liberar quando a demanda for alta, como armazenar energia produzida por fazendas solares ao longo do dia para distribuição à noite. Atualmente, a maior parte do armazenamento de energia em escala é obtida por usinas hidrelétricas reversíveis (ver abaixo e na p. 134). Entretanto, espera-se que baterias em larga escala deem suporte às redes no futuro.

REDE

ARMAZENAMENTO

BATERIA EM ESCALA DE REDE: A eletricidade é transformada em energia química, que pode ser armazenada em baterias em escala de rede.

ENERGIA HIDRELÉTRICA: A água bombeada colina acima até um reservatório é liberada para produzir eletricidade quando necessário.

HIDROGÊNIO VERDE: O hidrogênio verde (ver p. 129) pode ser armazenado como líquido ou gás em tanques de alta pressão.

NOVOS ARMAZENAMENTOS DE ENERGIA: Novas tecnologia de armazenamen como ar comprimido, podem ajudar a equilibrar fornecimento e demanda.

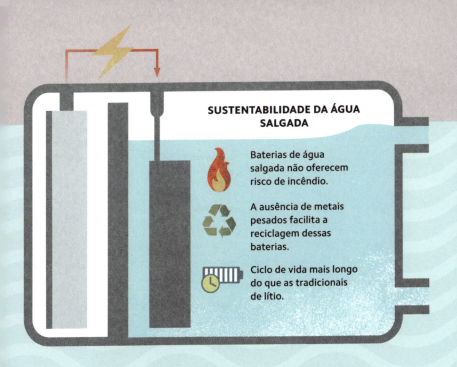

SUSTENTABILIDADE DA ÁGUA SALGADA

- Baterias de água salgada não oferecem risco de incêndio.
- A ausência de metais pesados facilita a reciclagem dessas baterias.
- Ciclo de vida mais longo do que as tradicionais de lítio.

BATERIAS QUE NÃO PREJUDICAM O PLANETA

A eliminação gradual de combustíveis fósseis do setor de energia exigirá baterias mais capazes de armazenar energia. As de íons de lítio são as baterias mais comuns em densidade energética, mas exigem metais raros. Os pesquisadores esperam criar baterias a partir de materiais alternativos e que funcionem tão bem, ou até melhor, do que elas. Entre as alternativas estão as baterias de água salgada (ver acima), que conduzem eletricidade com íons de sódio e têm o potencial de serem seguras, sustentáveis e recicláveis. Outras opções são baterias de íons de sódio, baterias de estado sólido (que têm eletrólitos sólidos) e baterias de sal fundido (que têm eletrólitos de sal).

BATERIAS SUSTENTÁVEIS | 133

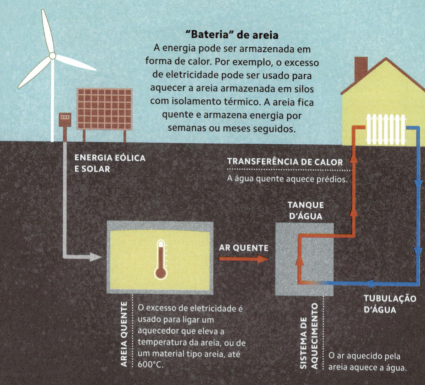

ALÉM DAS BATERIAS QUÍMICAS

As "baterias" físicas oferecem uma alternativa às baterias químicas, armazenando energia em forma não química. Um exemplo são as usinas hidrelétricas reversíveis, que usam energia elétrica para bombear água para um reservatório elevado e a liberam quando a energia é necessária. Abordagens que dependem menos da geografia também estão sendo exploradas, como aproveitar a gravidade erguendo e baixando blocos pesados; comprimir ar em cavernas subterrâneas; aquecer areia (ver acima) e acelerar rodas de inércia (flywheels) a velocidades extremas.

COLHENDO O SOL

A energia solar é uma das fontes mais baratas de eletricidade, com uma instalação simples e de pouca manutenção. Por isso, ela tem sido usada além das usinas, e se tornou popular em lares e empresas. Os painéis também podem ser colocados em veículos como trens e barcos e em infraestruturas como pontos de ônibus e superfícies de estrada. É preferível instalá-los em superfícies elevadas, pois no chão são facilmente danificados e recebem menos luz solar.

AEROGERADORES SUSPENSOS

A energia eólica – limpa, renovável e mais barata a cada ano – constitui uma porção do setor de energia que cresce rapidamente. As turbinas eólicas tradicionais podem ser em breve complementadas por tipos alternativos de turbinas, como aerogeradores suspensos no ar, dispositivos similares a pipas que podem voar em grandes altitudes, onde o vento sopra mais forte. Os aerogeradores suspensos oferecem mais flexibilidade do que as turbinas com torres. Podem ser ancorados na terra ou em barcas no mar, abaixados ou elevados para aumentar a velocidade de rotação e colocados em regiões com tendência a furacões, que não são adequadas para turbinas terrestres.

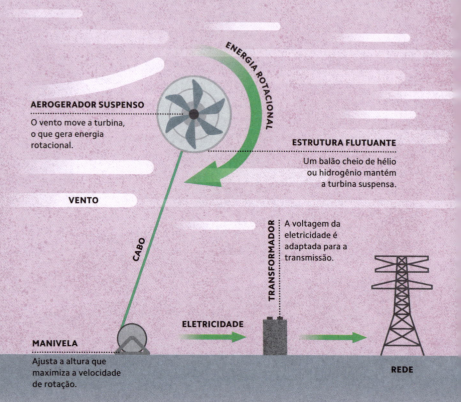

AEROGERADOR SUSPENSO
O vento move a turbina, o que gera energia rotacional.

ENERGIA ROTACIONAL

ESTRUTURA FLUTUANTE
Um balão cheio de hélio ou hidrogênio mantém a turbina suspensa.

VENTO

CABO

TRANSFORMADOR
A voltagem da eletricidade é adaptada para a transmissão.

ELETRICIDADE

MANIVELA
Ajusta a altura que maximiza a velocidade de rotação.

REDE

136 | GERADORES FLUTUANTES

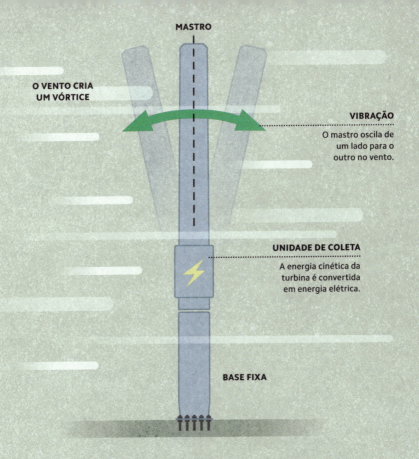

BOAS VIBRAÇÕES

Uma alternativa às turbinas eólicas tradicionais, as turbinas "sem hélices" são estruturas cilíndricas relativamente pequenas – com 2 a 3 metros de altura – que vibram de um lado para o outro quando o vento passa em volta delas, criando padrões giratórios de pressão (vórtices). É esse movimento que gera eletricidade. As turbinas sem hélices resolvem algumas das objeções comuns às turbinas eólicas. Elas são silenciosas ao ouvido humano, não obstruem a paisagem e não incomodam sistemas de radar e aves em migração.

TURBINAS EÓLICAS SEM HÉLICES

REATORES EM ESCALA REDUZIDA

A energia nuclear produz zero carbono e é de um modo geral considerada uma tecnologia verde com um papel no futuro da energia. Entretanto, novas usinas nucleares estão entre os projetos de infraestrutura mais complicados e caros do mundo. Os reatores em escala reduzida, chamados de pequenos reatores modulares (SMR), são projetados para serem mais convenientes. Com uma fração do tamanho de usinas nucleares tradicionais, os SMRs são montados no local a partir de componentes pré-fabricados, permitindo economias de escala. Mais de 80 projetos estão em desenvolvimento no mundo todo.

MICRORREATOR — Com 1 a 20 megawatts (MW), os microrreatores são pequenos, podendo ser deslocados por caminhão para levar energia para assentamentos remotos e bases militares.

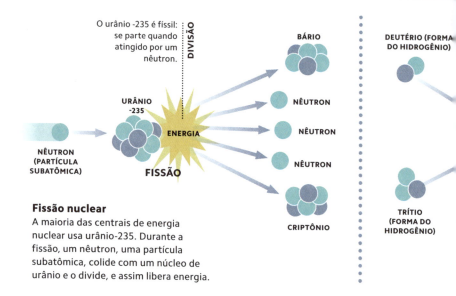

Fissão nuclear
A maioria das centrais de energia nuclear usa urânio-235. Durante a fissão, um nêutron, uma partícula subatômica, colide com um núcleo de urânio e o divide, e assim libera energia.

138 | PEQUENOS REATORES MODULARES

> "[A energia nuclear] é a única fonte de energia livre de carbono escalável que está disponível 24 horas por dia."
> Bill Gates, ex-diretor executivo da Microsoft

PEQUENO REATOR MODULAR (SMR) Com 20 a 300 MW, os SMRs poderiam ser montados em locais inadequados para reatores de tamanho padrão, por exemplo, onde o acesso a água é limitado.

REATOR EM GRANDE ESCALA Com 300 a 1.000+ MW, os reatores tradicionais podem oferecer quantidades colossais de energia, mas o planejamento, a construção, a operação e a desativação deles é um feito enorme.

ENERGIA DO FUTURO?

Com as condições certas, dois núcleos de hidrogênio se fundem para formar um núcleo de hélio e ejetar um nêutron.

ENERGIA

FUSÃO

HÉLIO

NÊUTRON

Fusão nuclear
A pesquisa de fusão nuclear é focada principalmente na reação deutério-trítio. Os núcleos de dois tipos de hidrogênio se combinam para formar o hélio, liberando energia e um nêutron.

A energia nuclear de hoje usa fissão nuclear – a quebra de núcleos mais pesados em núcleos mais leves para liberar energia. Uma esperança antiga é que a reação oposta, a fusão nuclear, que "energiza" as estrelas, possa ser usada para produzir energia limpa ilimitada sem dejetos perigosos. A execução da fusão é muito difícil, pois requer pressões e temperaturas extremas. Décadas de pesquisa só obtiveram um progresso lento; por isso a energia de fusão é muitas vezes descrita como "sempre a 20 anos de distância".

FUSÃO NUCLEAR | 139

AMBIEN
CONSTR

TE
UÍDO

O ambiente construído se refere a estruturas feitas artificialmente, que permitem que a atividade humana floresça. Inclui prédios, estradas, pontes e parques e a infraestrutura para entregar utilidades. Criar e manter o ambiente construído para populações em crescimento consome uma quantidade enorme de recursos naturais. Para evitar dano ambiental irreversível, mais materiais e técnicas sustentáveis estão sendo inventados, desde concreto de baixo carbono e casas impressas em 3D a tecnologias que otimizam nosso uso de serviços, como assistência médica e energia. A engenharia pioneira também está tornando possível novas estruturas, por exemplo, com regolito extraterrestre para desenvolver ambientes construídos na Lua e em Marte.

COMUNIDADES CONECTADAS

Uma cidade inteligente é um ambiente urbano no qual tecnologias digitais coletam e analisam dados e usam os resultados para gerenciar operações e serviços. Isso é especialmente útil para encontrar jeitos otimizados de alocar recursos, como eletricidade, água, espaço viário e coleta de lixo, para garantir que respondam em tempo real às demandas locais em constante mudança. Espera-se que as cidades inteligentes sejam não só mais amigáveis ao meio ambiente e eficientes em termos econômicos, mas que também ofereçam uma qualidade de vida melhor para os cidadãos.

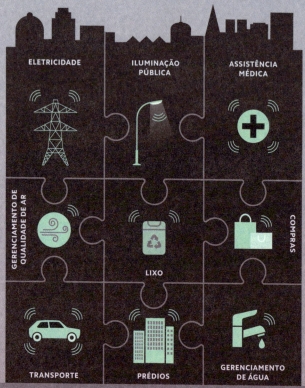

142 | CIDADES INTELIGENTES

> "Esses modelos podem ser usados para ajustar variáveis [...] a uma fração do custo de executar experimentos no mundo real."
> Bernard Marr, autor e futurista

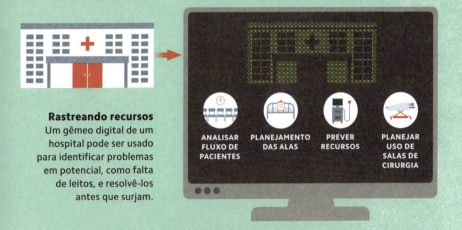

Rastreando recursos
Um gêmeo digital de um hospital pode ser usado para identificar problemas em potencial, como falta de leitos, e resolvê-los antes que surjam.

PRÉDIOS VIRTUAIS

Modelos digitais detalhados de objetos físicos ou de sistemas são conhecidos como gêmeos digitais. Eles podem ser criados para representar usinas elétricas, hospitais, aeroportos, bases militares e até cidades inteiras, sendo atualizados com dados em tempo real. Por exemplo, um gêmeo digital de um hospital pode ser usado para monitorar e gerenciar pacientes junto a cada categoria de recursos necessários para cuidar deles, de toalhas de papel a médicos de emergência. Isso pode ajudar a identificar e resolver ineficiências com potencial de ameaçar vidas.

CASAS ECOLÓGICAS

O uso mais limpo e ecológico de energia envolve não só a eliminação gradual de combustíveis fósseis, mas também usar a energia de forma mais eficiente. Os edifícios representam 40% do consumo global de energia e são um foco importante na redução do uso de energia. Edifícios de "energia zero" são definidos como aqueles com consumo líquido de energia igual a zero. Isso significa que a energia que eles consomem ao longo de um ano é igual à energia renovável que geram. Esses edifícios são totalmente isolados termicamente para minimizar a perda de calor e têm dispositivos integrados de geração de energia, como painéis solares na cobertura.

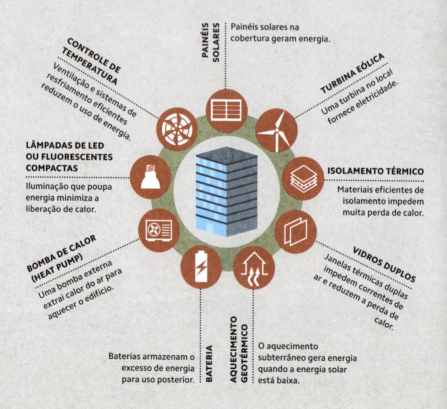

PAINÉIS SOLARES
Painéis solares na cobertura geram energia.

CONTROLE DE TEMPERATURA
Ventilação e sistemas de resfriamento eficientes reduzem o uso de energia.

TURBINA EÓLICA
Uma turbina no local fornece eletricidade.

LÂMPADAS DE LED OU FLUORESCENTES COMPACTAS
Iluminação que poupa energia minimiza a liberação de calor.

ISOLAMENTO TÉRMICO
Materiais eficientes de isolamento impedem muita perda de calor.

BOMBA DE CALOR (HEAT PUMP)
Uma bomba externa extrai calor do ar para aquecer o edifício.

VIDROS DUPLOS
Janelas térmicas duplas impedem correntes de ar e reduzem a perda de calor.

BATERIA
Baterias armazenam o excesso de energia para uso posterior.

AQUECIMENTO GEOTÉRMICO
O aquecimento subterrâneo gera energia quando a energia solar está baixa.

144 | EDIFÍCIOS DE ENERGIA ZERO

EDIFÍCIOS SUPERFORTES

A madeira engenheirada tem uma proporção maior entre força e peso do que o concreto e o aço.

CAPTURA DE CARBONO

A madeira engenheirada é derivada da madeira, que sequestra (captura) carbono da atmosfera conforme cresce.

RESISTENTE AO FOGO

A lignina, um polímero natural da madeira, é substituída por um polímero sintético retardador de chamas, o que reduz o risco de incêndio.

FORÇA NOS NÚMEROS

Múltiplas camadas de madeira são reunidas para criar paredes, tetos e telhados, ou até elementos estruturais, como vigas.

MADEIRA LAMINADA CRUZADA

Cada tábua é colada em posição perpendicular em relação à camada anterior, criando uma estrutura forte e rígida.

ARRANHA-CÉUS DE MADEIRA

A madeira é usada para construções há milênios, mas os avanços na engenharia possibilitam que edificações feitas desse material cheguem à altura de arranha-céus. As estruturas podem usar apenas madeira ou serem construídas em combinação com concreto e aço. É possível formar torres de madeira com madeira engenheirada (*mass timber*). Esses materiais derivados da madeira são preparados para ter certas propriedades, por exemplo, ter a resistência do concreto e ser mais leve do que o concreto e o aço. A madeira laminada cruzada (*cross-laminated timber*), feita pela colagem de camadas de madeira em ângulos retos, é particularmente forte. A madeira engenheirada é renovável e sua produção requer menos energia do que a de materiais convencionais de construção.

ESTRUTURAS DE MADEIRA ENGENHEIRADA

CONCRETO "VERDE"

Depois da água, o concreto é a segunda substância mais usada no mundo. Infelizmente, sua produção tem um forte impacto ambiental. O cimento Portland, o ingrediente ligante do concreto, é um grande responsável pela emissão de dióxido de carbono, devido às altas temperaturas e às reações químicas necessárias para sua produção. Os esforços para criar concreto de baixo carbono concentram-se em encontrar alternativas para o cimento Portland. Entre as novas tecnologias pesquisadas estão fazer a liga injetando carbono capturado na mistura de concreto (ver abaixo). Substituir a areia por recursos como resíduos plásticos ou entulho de concreto também deixa o concreto mais sustentável.

CARBONO CAPTURADO: O CO_2 capturado é armazenado em um tanque pressurizado, pronto para reciclagem na construção.

MINERALIZAÇÃO: Quando injetado numa mistura de concreto, o CO_2 passa por uma reação e se mineraliza, o que prende o carbono.

CARBONO PRESO: Em forma mineral, o CO_2 preso no concreto não é liberado nunca, nem se a estrutura de concreto for demolida.

Um processo negativo em carbono
Acrescentar CO_2 capturado ao concreto significa que menos cimento é necessário. O processo faz com que o concreto seja negativo em carbono, por prender mais carbono do que sua produção emite.

PROJETO 3D ASSISTIDO POR COMPUTADOR

Fabricação fora do local
Os módulos criados são produzidos em uma fábrica, o que pode envolver impressão 3D (ver p. 22), e transportados para o local de montagem.

PROJETO ENVIADO PARA A FÁBRICA

OS MÓDULOS SÃO PRODUZIDOS EM UMA FÁBRICA

MÓDULOS TRANSPORTADOS

MONTAGEM RÁPIDA NO LOCAL

MONTAGEM RÁPIDA

As construções modulares se iniciam com a produção das seções (ou módulos) em uma fábrica. Depois os módulos são transportados para o local de construção, para que sejam instalados. Esse tipo de construção existe desde pelo menos os anos 1830, e é visto como importante para o futuro do setor. Envolve desperdício mínimo e perturbação mínima ao ambiente, aumenta significativamente a eficiência (uma vez que múltiplas partes podem ser fabricadas ao mesmo tempo) e oferece flexibilidade.

Também viabiliza a construção em ambientes em que os métodos convencionais são inviáveis, como na Estação Halley, na Antártica.

CONSTRUÇÃO MODULAR | 147

LARES IMPRESSOS

Com uma impressora 3D grande o bastante, prédios inteiros podem ser construídos por manufatura aditiva (ver p. 22). Seguindo uma planta digital, uma impressora 3D no local expele uma mistura em pasta, normalmente concreto, em camadas sucessivas até formar a estrutura. O encanamento, a fiação e componentes como janelas e portas são instalados depois. Construir dessa forma é rápido, usa recursos de forma eficiente e permite mais liberdade criativa, a uma fração do custo da construção convencional.

EXTRUSORA

MISTURA DE MATERIAL DE CONSTRUÇÃO

TÉRMINO RÁPIDO
O tempo de construção é curto.

FLEXIBILIDADE DE DESIGN
Estruturas incomuns, como paredes curvas, são fáceis de criar.

MENOS MÃO DE OBRA
Menos operários são necessários no local.

MITIGAÇÃO DE ENCHENTE

SUPERFÍCIES PERMEÁVEIS
Vãos entre os ladrilhos permitem que a água da chuva escorra.

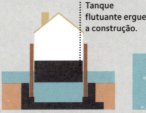

PRÉDIOS FLUTUANTES
Bases flutuantes erguem as construções durante enchentes.

QUEBRA-MAR ECOLOGICAMENTE CORRETO
Protegem de tempestades e ajudam na biodiversidade.

RESISTÊNCIA ÀS ALTERAÇÕES CLIMÁTICAS

A frequência e a intensidade de eventos climáticos extremos estão aumentando. Além de escolher não construir em áreas de risco de elevação do nível do mar, podemos adaptar a infraestrutura futura pra ser mais resiliente ao clima. Por exemplo, os trilhos de trem podem ser feitos de metais resistentes com menos tendência a expandir e deformar com o calor, e os prédios podem ser cobertos de plantas para criar sombra ou até mesmo construídos abaixo da superfície.

GERENCIAMENTO DE CALOR

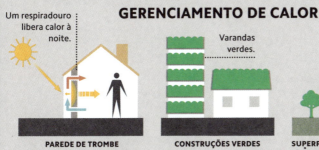

PAREDE DE TROMBE
Um painel de vidro absorve e armazena luz do sol nos dias quentes.

CONSTRUÇÕES VERDES
Construções cobertas de plantas absorvem poluentes e criam sombra.

SUPERFÍCIES COM REFLEXO SOLAR
Um telhado branco reflete a luz solar e mantém a temperatura interna baixa.

CONSTRUÇÕES RESILIENTES AO CLIMA

PARTES MÓVEIS

Estruturas grandes com capacidade de se adaptar em resposta a mudanças no ambiente são conhecidas como estruturas ativas. As espaçonaves costumam ser estruturas ativas, para permitir que se adaptem a condições extremas durante as missões. A Estação Espacial Internacional (ISS), por exemplo, pode orientar e retrair painéis solares de 35 metros. Estruturas gigantescas hipotéticas, como elevadores espaciais ou torres que iriam do equador para o espaço, também seriam estruturas ativas.

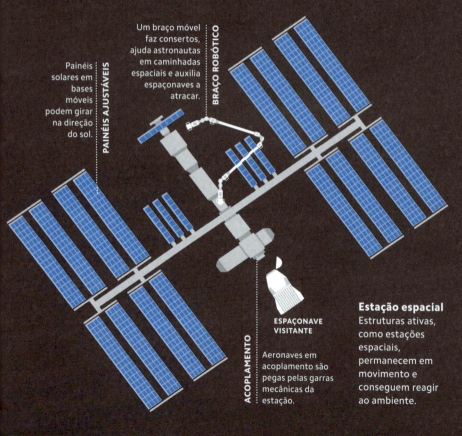

PAINÉIS AJUSTÁVEIS
Painéis solares em bases móveis podem girar na direção do sol.

BRAÇO ROBÓTICO
Um braço móvel faz consertos, ajuda astronautas em caminhadas espaciais e auxilia espaçonaves a atracar.

ACOPLAMENTO
ESPAÇONAVE VISITANTE
Aeronaves em acoplamento são pegas pelas garras mecânicas da estação.

Estação espacial
Estruturas ativas, como estações espaciais, permanecem em movimento e conseguem reagir ao ambiente.

VIDA SOB CÚPULAS

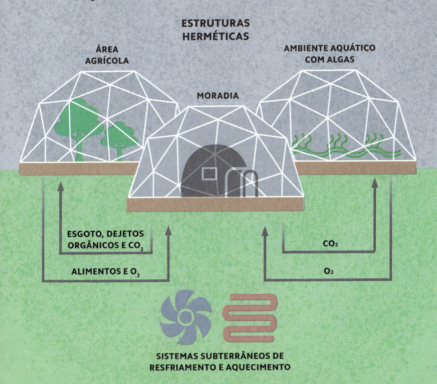

Sistemas ecológicos fechados são comunidades habitáveis que podem existir em isolamento total – ou seja, sem troca de matéria, como oxigênio, com o ambiente externo. A Terra pode ser vista como exemplo disso, mas o termo costuma se referir a ecossistemas pequenos e artificiais. Em um sistema fechado, o lixo de uma espécie pode ser o alimento de outra, por exemplo. Embora não haja necessidade imediata de sistemas deste tipo, as pesquisas em andamento são feitas com a ideia de construir bases na Lua e em Marte.

SISTEMAS ECOLÓGICOS FECHADOS | 151

CONSTRUINDO COM POEIRA ESPACIAL

Se os humanos forem viver por períodos extensos na Lua, em Marte ou em outros corpos celestes, eles não vão poder contar para sempre com os recursos enviados da Terra. Por conta disso, será necessário encontrar meios de sobreviver, assim como construir habitats, usando o que estiver disponível no local. As agências espaciais estão se preparando para missões futuras que irão explorar jeitos de usar regolito (material encontrado na superfície de uma lua ou de um planeta) como base para construção.

Trabalhando com materiais espaciais
A sinterização, a solidificação e a solda a frio podem ser usadas para construir com regolito.

MATÉRIA-PRIMA
A Lua e Marte estão cobertos de uma mistura solta de poeira e pedra, o regolito.

HABITAT FECHADO MODULAR
Módulos construídos no local seriam acrescentados aos módulos iniciais enviados da Terra para criar habitats.

REATOR NUCLEAR

PAINEL SOLAR

FONTES DE ENERGIA
Um pequeno reator de fissão nuclear, que opera sob qualquer condição climática, e painéis solares podem fornecer energia.

TRAJES ESPACIAIS
Trajes espaciais pressurizados e com isolamento térmico que fornecem oxigênio e protegem contra radiação permitiriam que os habitantes saíssem do sistema fechado do habitat.

152 | UTILIZANDO RECURSOS NO ESPAÇO

SINTERIZAÇÃO
Luz do sol concentrada pode sinterizar regolito, ou seja, aquecê-lo para transformá-lo em peças sólidas.

SOLIDIFICAÇÃO
Materiais disponíveis no local, como enxofre fundido ou ácido fosfórico, podem solidificar regolito.

SOLIDIFICAÇÃO DE EMERGÊNCIA
Como um recurso de emergência, o sangue humano pode ser usado como solidificador.

SOLDAGEM
O regolito pode ser soldado "a frio", usando a pressão entre superfícies lisas para formar ligações atômicas.

CONSTRUÇÃO COM REGOLITO
Materiais locais podem ser usados para ajudar a criar habitats modulares na Lua e em Marte.

VIDA EM MARTE

A colonização do espaço sempre esteve presente na ficção científica. Entretanto, sem a terraformação (ver p. 154-155), viver em corpos astronômicos como Marte exigiria habitats artificiais com sistemas complexos de sustentação de vida para proteger contra a atmosfera mortal, a pressão baixa, a radiação solar e o frio extremo. Os cientistas estão pesquisando como conseguir isso usando recursos locais (ver acima) e outros aspectos da vida fora da Terra.

ASTROMÓVEIS (ROVERS)
Veículos robóticos podem executar tarefas práticas na superfície, como coletar regolito.

COLÔNIAS ESPACIAIS | 153

TERRA 2.0

A terraformação (que significa literalmente "dar a forma da Terra") é a transformação deliberada de um corpo astronômico para fazer com que fique mais parecido com a Terra, no contexto especulativo de torná-lo habitável para humanos sem o uso de ecossistemas artificiais fechados (ver p. 151) e trajes espaciais. A terraformação de Marte, o planeta com mais

MARTE HOJE

Plantas ou algas produzem oxigênio.

O calor fica preso.

USO DO EFEITO ESTUFA
O aumento da concentração de carbono atmosférico em Marte poderia prender calor do Sol na superfície.

AUMENTO DE OXIGÊNIO
Para tornar a atmosfera em Marte respirável, o volume de oxigênio teria que ser aumentado.

IMPACTO DIRETO PROVOCADO
Guiar um asteroide para Marte poderia fornecer energia, aumentando levemente as temperaturas e talvez criando um lago.

Um planeta inóspito
Uma temperatura de superfície que chega ao mínimo de -153°C e uma atmosfera rarefeita tornam Marte inóspito para a vida. A terraformação poderia envolver a introdução de vida vegetal e a manipulação da superfície e da atmosfera para fornecer calor e água.

154 | TERRAFORMANDO MARTE

potencial de permitir a colonização humana, requereria elevar a temperatura da superfície, importar água e criar uma atmosfera respirável e protetora. Embora a terraformação de Marte provavelmente esteja além dos limites da tecnologia existente, ela é vista com seriedade por cientistas como uma possibilidade de longuíssimo prazo para garantir o futuro da humanidade.

Menos perda de calor.

MANIPULAÇÃO DO REFLEXO
Escurecer a superfície de Marte reduz o reflexo da luz do sol e mais calor é absorvido.

CRIAÇÃO DE UM CAMPO MAGNÉTICO
Campos magnéticos protegem os planetas de raios cósmicos, e há várias sugestões de como criar um em Marte.

CONCENTRAÇÃO DO SOL
Espelhos em órbita podem direcionar a luz do sol, aumentando o calor e a luz para uso em energia solar.

MARTE DO FUTURO

TERRAFORMANDO MARTE | 155

ÍNDICE

Números de página em **negrito** se referem a verbetes principais.

A

abelhas, robótica 119
acelerômetros 63
aerogéis 11, **15**
aerogeradores suspensos 136
aeronaves
 combustíveis sustentáveis **60**
 híbridos de avião e nave espacial **70**
 movidas a luz solar 59
agribots 48
agricultura 45
 automatizada **48**
 microalgas **52**
 pecuária de insetos **53**
 precisão **47**, 96
 vertical **46**
água em Marte 155
alimentos 45
 impressos em 3D 22, 45, **55**
 sustentáveis 45
 ver também plantações; agricultura
ambiente construído 141
 cidades inteligentes **142**
 concreto de baixo carbono **146**
 construção modular **147**
 construções resilientes ao clima **149**
 edifícios de energia zero **144**
 estruturas ativas **150**
 estruturas de madeira engenheirada **145**
 gêmeos digitais em **143**
 impressão 3D 147, **148**
 no espaço **152–5**
 sistemas ecológicos fechados **151**
anemia falciforme 36
antienvelhecimento **42–3**
antioxidantes 51
aplicativos, criação de **79**
apoptose 42, 43
aprendizado de máquina 74, 75, 88, 101
aquamação 43
aquecimento global 125
armazenamento alternativo de dados 73, **84–5**
armazenamento de blockchain 84
armazenamento de carbono 131
armazenamento de energia em escala de rede 125, 126, **132**
armazenamento em cristal 84
armazenamento multinuvem 84
arte gerada por IA 104
asteroides 123, 154
atmosfera em Marte 155
atuadores 117, 118, 120
automação robótica de processos (RPA) **78**
avatares 106, 109
aviões espaciais **70**

B

bactérias
 biologia sintética 35
 comedoras de plástico 21
baixo código **79**
baterias
 escala de rede 125, 126, **132**
 físicas **134**
 sustentáveis **133**
 veículos elétricos 58
baterias de água salgada 133
"baterias" de areia 134
baterias de estado sólido 58, 133
baterias de íon de lítio 58, 133
baterias de íons de sódio 133
baterias de sal fundido 133
bichos-da-seda geneticamente modificados 35
binder jetting 23
biocombustíveis 60
biofármacos 31
bioimpressão 25, **39**
biologia espacial **27**
biologia sintética **35**
biomarcadores 28, 30
biomassa 20
biomimética **16**
bioplásticos **20**
biorreatores 54
biorrobótica **117**
biotecnologia 25
biotinta 39
bits 86, **87**

C

camada de entrada (RNAs) 76
camada de saída (RNAs) 77
camadas ocultas (RNAs) 76–7
câmeras, veículos autônomos 63
caminhões
 autônomos 63
 movidos a energia solar 59
campos magnéticos 155
câncer 27, 37
capas da invisibilidade 13
cápsulas funerárias biodegradáveis 42–3
captura de carbono 125, 128, **130–1**, 145, 146
características desejáveis 26
carne cultivada **54**
carros
 elétricos **58**
 falantes **64–5**
cartilagens 38
casas impressas em 3D 141, **148**

casas inteligentes 96-7, 107
células
 antienvelhecimento 42-3
 engenharia de tecidos 38
 terapia celular 25, **37**
células solares flexíveis 18
células T 37
células T com receptor de antígeno quimérico (CAR) 37
células-tronco 36, 37
centro de vacância de nitrogênio (N-V) 92-3
cérebro
 cérebros artificiais **76-7**
 digitalização da mente **109**
 IA emulando **74-5**
 interfaces cérebro-
 -computador (ICC) **108**
cidades inteligentes 96, **142**
cimento 130, 146
clonagem 41
clorofila 51
codificação, sem código/baixo código **79**
combinatória 88
comboio p. **64-5**
combustíveis fósseis 49, 57, 58, 60, 125, 144
combustíveis sustentáveis de aviação (SAFs) **60**
combustíveis, transporte 60-1
comprimento de onda, pontos quânticos 12
computação
 baseada em gestos **107**
 edge **80**
 interface cérebro-
 -computador (ICC) **108**
 óptica **82-3**
 quântica **86-9**
 sem servidor 73, **81**
computação edge **80**
computação eletromecânica 82
computação eletrônica 82
computação em nuvem 81
computação óptica 73, **82-3**
computação quântica 73, **86**, 87-9

computação sem servidores 73, **81**
comunicação veículo a veículo (V2V) 64-5
comunicações 95
concreto
 baixo carbono 141, **146**
 impressão 3D 148
conexão via satélite **98**
constelações de satélites 95, 98, **99**
construção modular **147**
construções resilientes ao clima **149**
consumo de energia zero 144
controle remoto 97
corações, gêmeos digitais 29
criptografia 102
 quântica 73, 88, **90-1**
criptografia 86
criptografia quântica 73, 88, **90-1**
criptomoedas 102
CRISPR-Cas9 34, 41
cristais, nanoescala 12
cromossomos 26
cultivo de microalgas **52**

D

dados de treinamento 76, 103
decoerência 89
deextinção 25, **41**
desinformação 104
detectores de partículas 15
diagnóstico
 laboratório em um chip **33**
 nanomedicina 32
 usando IA **30**
discos rígidos de hélio 85
discos rígidos SMR (Shingled Magnetic Recording) 85
dispositivo vestível 95, 105
dispositivos biocompatíveis 9
DNA
 armazenamento 73, 85
 biologia sintética 35
 biomedicina 31
 deextinção **41**

engenharia genética **34**
sequenciamento 26, 28
terapia genética 36
doenças
 parar/reverter **37**
 prevenção
 ver também medicina
drogas senolíticas 42, 43
drones
 aéreos e submarinos 57
 agricultura de precisão 47
 busca e resgate 114
 entregas **67**
 industriais 113
 militares 122
 passageiro **68**
drones de entregas 67

E

ecossistemas artificiais 151, 154
edição de genes 34, 35
edifícios de energia zero **144**
efeito estufa 154
eletricidade
 células de combustível de hidrogênio **61**
 combustíveis sustentáveis para aviação **60**
 painéis solares **135**
 rede inteligente **126-7**
 turbinas eólicas **136-7**
eletrocardiogramas (ECGs) 30
eletrodomésticos 96, 97
eletrólise 129
eletrônicos flexíveis 17, **18**
emissões de dióxido de carbono 57, 60, 61, 65, 130-1
emissões de gases do efeito estufa 45, 53
energia 125
 armazenamento de energia em escala de rede **132**
 baterias físicas **134**
 baterias sustentáveis **133**
 captura de carbono 125, 128, **130-1**
 energia nuclear **138-9**

ÍNDICE | 157

hidrogênio com emissão zero **128–9**
painéis solares **135**
rede inteligente **126–7**
turbinas eólicas **136–7**
energia eólica 126, 132, **136–7**
energia renovável 125, 126, 144
energia solar 126, 132, **135**, 155
engenharia de materiais 9
engenharia genética 21, 25, **34**, 45, 49
entregas last mile 67
entrelaçamento 87
enxertos de osso 38
enzimas
   comedoras de plástico **21**
   geração de sementes 51
espaço
   colônias **152–3**
   estruturas ativas **150**
   robótica **123**
   terraformação **154–5**
   utilizando recursos no **152–3**
espécies extintas 41
Estação Espacial Internacional 123, 150
estruturas ativas **150**
estruturas de madeira engenheirada **145**
eventos extremos do tempo 50, 149
exoesqueletos motorizados **118**, 122
expressões faciais, interpretação 121

F

fala 103, 121
fazendas verticais 45, **46**
fetos 40
fissão nuclear 138, 139, 152
fixação de nitrogênio **49**
foguetes reutilizáveis **69**, 99
fotobiorreatores 52
fotoluminescência 12
fótons 82, 83, 90–1
fotossíntese 52
fulereno C60 (buckyballs) 10

funerais sustentáveis **42–3**
funeral com caixão de fungos 42
fusão nuclear **138–9**

G

gêmeos digitais **29**
   no ambiente construído **143**
genoma humano 26
genômica **26**, 27, 28, 41
geração de números aleatórios 88
gerenciamento de calor 149
gestos
   computação baseada em gestos **107**
   interpretação 121
giroscópios 63
grafeno 10
gravidade 134
guerra, robótica **122**

H

habitats artificiais 152, 153
hackers 90–1
hidrogel 114, 115
hidrogênio
   células de combustível **61**, 128
   emissão zero **128–9**
hidrogênio azul 128–9
hidrogênio cinza 128
hidrogênio com emissão zero **128–9**
hidrogênio verde 60, 129
hidropônico 46
homeostase, manutenção 51

I

IA generativa **104**
IA incorporada **120**
imortalidade digital **109**
impressão 3D 9, **22–3**, 147
   alimentos **55**
casas **148**

impressão 4D **22–3**
imunofluorescência 27
insulina 34
inteligência artificial (IA) 73, **74–7**, 97, 101
   diagnóstico clínico 30
   generativa **104**
   IA incorporada **120**
   processamento linguagem de natural **103**
internet
   acesso Li-Fi 100
   acesso por satélite 98, 99
   Web 3.0 **101**
Internet das Coisas (IdC) 80, 95, **96–7**
isolamento térmico 15, 144

L

laboratório em um chip **33**
largura de banda 80, 82, 83, 100
latência 80, 99
levitação 66
Li-Fi **100**
ligantes 32
linguagem, NLP **103**
liofilização 31
lógica back-end 81
lógica front-end 81
Lua 151, 152, 153
luvas conectadas 107
luz
   computação ótica **82–3**
   curvar 9, 13
   Li-Fi **100**
   monitores transparentes 19
luz ultravioleta 12
luzes de LED 100

M

manufatura aditiva **22–3**
manutenção de registros segura 102
Marte 151, 152, 153
   astromóveis (rovers) 15, 123
   terraformação 153, **154–5**

materiais autorreparáveis 9, **14**
materiais inteligentes 9
materiais sustentáveis 9
medicina
   bioimpressão **39**
   biomedicina sob demanda **31**
   diagnóstico usando IA **30**
   engenharia de tecidos **38**
   exoesqueletos motorizados **118**
   gêmeos digitais **29**, 143
   interfaces cérebro- -computador (ICC) **108**
   laboratório em um chip **33**
   nanomedicina 10, 25, **32**, 116
   personalizada **28**
   robótica 113, 115, 116
   terapia celular **36**
   terapia genética **36**
medidas precisas 92–3
mente, digitalização da **109**
metamateriais **13**
metaverso **106**
microbots 32, **116**
micro-ondas 138
microrreatores 138
mídia gerada por IA **104**
mineração robótica 123
mitigação de enchente 149
mobilidade como serviço (MaaS) **62**
modelos 3D de tecidos 27
modificação genética 34
monitoramento de saúde 18
monitores de absorção 19
monitores de emissão 19
monitores transparentes **19**
motores de fluxo axial 58
mundos virtuais **106**

N

nanobots **116**
nanodiamantes 92–3
nanomateriais **10–11**
   0D 10–11
   1D 10–11
   2D 10–11
   3D 10–11

nanomedicina 10, **32**
nanopartículas 32, 51
nanobots 32
nanotubos de carbono 11
natureza
   captura de carbono 130
   inspiração da **16**, 116, 117, 119
navios, energia solar 59
necrobótica 117
neurônios artificiais **75**, 76
níveis do mar, subindo 51
Nova Era Espacial 69

O

ondas sonoras 13
Ônibus Espacial 70
Órbita Terrestre Baixa 99
órgãos
   gêmeos digitais 29
   impressos em 3D 9, 22, 25, **39**
origami ativo 23
osteoblastos 38
ótica 13
oxigenadores 40
oxigênio 154

P

painéis solares 144, 152
para-brisas 19
paredes de Trombe 149
partículas subatômicas 86, 138
pecuária de insetos **53**
peptídeos 38
pequenos reatores modulares (SMRs) **138–9**
pessoas com deficiências 107
plantações
   engenharia genética 45
   fixação de nitrogênio 49
   resistente a sal **51**
   resistentes à seca 26, **50**
   ver também agricultura
plantações transgênicas 50
plantas em Marte 154
plásticos
   bioplásticos **20**

   compostável/biodegradável 9, 20
quebra biológica **21**
platooning (*ver* comboio)
polímeros 14
poluição 49
pontos quânticos **12**
processamento de linguagem natural (NLP) **103**
processos negativos em carbono 146
propriedade de veículos 57, **62**
propulsão independente do ar (AIP) 71
proteínas de coagulação do sangue 34
próteses robóticas 108

Q

qubits 86, **87**, 89
querosene sintético 60
quitosana 51

R

Radian One 70
radicais livres 51
reação deutério-trítio 139
realidade aumentada 19, 105
realidade estendida (XR) **105**, 107
realidade mista 105
realidade virtual 95, 105, 106
compostagem humana 42
recursos, espaço 152–3
rede inteligente 125, **126–7**
redes elétricas
   armazenamento de energia **132**
   inteligentes 125, **126–7**
redes neurais artificiais (RNAs) 74, 75, **76–7**
registros distribuídos 102
regolito 141, 152–3
remédio 31
resistência a sal **51**

ressonância magnética (RM) 29, 39
RNA 26, 34, 93
robôs **78**
robôs de busca e resgate **114–15**, 122
robôs humanoides 120, **121**
robótica 113
  agricultura automatizada **48**
  biorrobótica **117**
  busca e resgate **114–15**
  enxame **119**
  espaço **123**
  exoesqueletos motorizados **118**
  guerra **122**
  IA incorporada **120**
  macia **114–15**
  micro e nanobots **116**
  robôs no mundo real **121**
robótica de enxame **119**
robótica macia **115**
rovers 15, 123

S

saúde personalizada **28**
scaffolds, biomaterial 38
seca 26, **50**
segurança 90–1
sem código **79**
sensores lidar 63
sensores quânticos 73, **92–3**
sinterização a laser 23
sistema de posicionamento global (GPS) 63, 99

sistemas de entrega de medicamentos 15
sistemas ecológicos fechados **151**
smartphones 18
sobreposição 87
submarinos autônomos **71**
substâncias autorregenerativas 14
supremacia quântica **89**

T

táxis voadores **68**
tecidos inteligentes **17**
tecidos vivos
  biologia espacial 27
  engenharia de tecidos 38, 54
  impressos em 3D 22, 39
tecnologia blockchain 95, 101, **102**
tecnologia da informação 73
terapia genética **36**
terraformar Marte 141, 153, **154–5**
têxteis
  biomiméticos 16
  inteligentes **17**
tomografia computadorizada 29, 39
toucas para eletroencefalograma (EEG) 108
trajes espaciais 15, 152, 154
transferência de gás de combustão 130
transporte ferroviário hiperveloz **66**

transporte movido a energia solar **59**
tubos de vácuo 66
tumores 27, 37
turbinas eólicas
  sem hélices 125, **137**
  suspensas **136**

U

usinas elétricas
  a carvão 130
  gêmeos digitais 143
  nucleares **138–9**
usinas hidrelétricas 132, 134
útero artificial **40**, 41

V

vacinas 31
veículos autônomos 57, **63**, 80
veículos conectados **64–5**
veículos elétricos, nova geração 58
veículos robóticos **63**, **71**, 153
velcro 16
vigilância 47, 119, 122

W

Web 3.0 **101**

X

X37B 70

AGRADECIMENTOS

A DK gostaria de agradecer às pessoas a seguir pela ajuda com este livro: Debra Wolter pela revisão; Helen Peters pelo índice; Harish Aggarwal, designer digital sênior e Priyanka Sharma, coordenadora de capa sênior.

Todas as imagens © Dorling Kindersley
Para mais informações, visite: www.dkimages.com